ROBOTIC

PROCESS

AUTOMATION

INTELLIGENT RPA
IN ACTION

智能RPA实战

达观数据◎著

机械工业出版社
China Machine Press

图书在版编目（CIP）数据

智能 RPA 实战 / 达观数据著 . —北京：机械工业出版社，2020.6（2023.1 重印）

ISBN 978-7-111-65759-0

I. 智⋯　II. 达⋯　III. 机器人－程序设计　IV. TP242

中国版本图书馆 CIP 数据核字（2020）第 093150 号

智能 RPA 实战

出版发行：机械工业出版社（北京市西城区百万庄大街 22 号　邮政编码：100037）

责任编辑：韩　蕊

责任校对：殷　虹

印　　刷：北京建宏印刷有限公司

版　　次：2023 年 1 月第 1 版第 5 次印刷

开　　本：147mm×210mm　1/32

印　　张：11

书　　号：ISBN 978-7-111-65759-0

定　　价：89.00 元

客服电话：（010）88361066　68326294

谨以此书感谢所有支持和帮助
达观数据的朋友们!

| 前言 |

创作背景

RPA(Robotic Process Automation,机器人流程自动化)是一种能按特定指令完成工作的软件,可以代替人类执行日常办公中大量烦琐的操作,因此也被形象地称为数字化劳动力(Digital Labor)。

RPA 技术过去几年在海外迅速发展,在国际同行的带动下,近年来中国的 RPA 市场也开始蓬勃发展,众多企业和大量的技术爱好者纷纷踏入 RPA 圈,风险投资也非常活跃。RPA 一下风靡全球,大放异彩。在各方面力量的积极推动下,中国 RPA 领域涌现了许多优秀的产业应用,中国的 RPA 和 AI 行业有望进入一段黄金繁荣期。

RPA 可以将原本依赖人工的工作变为机器自动执行,并且是 7×24 小时不间断执行，在保证原有系统完整性的基础上，帮助企业大幅提升工作效率，节约成本。结合人工智能技术，RPA 不仅可以处理重复性高且细节烦琐的业务流程，在未来，一些涉及分析与决策的任务也可以由多个岗位的机器人相互协调并配合完成。

数字劳动力替代人工，是对现有商业模式、运营方式、企业文化进行创新与重塑。RPA 不仅会对生产方式和生产效率进行变革，也将开启企业数字化转型的时代变革。

RPA 是当今企业数字化升级的重要实现技术之一。企业数字化发展可分为信息数字化、操作自动化和流程智能化 3 个阶段。在信息数字化阶段，人工作为操作主体与决策主体，从处理传统的纸质文档转变为处理电子数据信息。在操作自动化阶段，计算机作为操作主体，通过模拟人工操作键盘和鼠标的过程来自动执行那些重复且有规则的办公任务。在流程智能化阶段，计算机将发展为决策主体，代替人工进行自主决策。

将人工智能和 RPA 相结合，共同探索智能化 RPA 的价值，就是本书创作的背景。

以 RPA 为代表的智能化技术是人类第四次科技革命的重要成果。随着数据科学的不断发展，企业运用 RPA 和认知智能技术，解放人力，不断进行技术革新，是行业发展的大趋势。

主要内容

本书着力为大家普及 RPA 产品概念，并用通俗易懂的文字讲解人工智能加持下的各类 RPA 实战化应用场景。全书一共 10

章，主要分为 3 个部分。

第一部分（第 1 ~ 3 章）将对 RPA 进行全面讲解。第 1 章介绍 RPA 的基本概念、应用价值、产生背景、发展历程和业内主要企业。第 2 章介绍智能 RPA 的产品架构和关键模块构成，以便读者更好地了解 RPA 内部技术构成。人工智能 AI 技术与 RPA 的结合将在第 3 章进行讲解。因为 AI 范畴极为广阔，本书选择了其中和 RPA 关系最紧密的功能进行阐述，包括计算机视觉技术中的光学字符识别（OCR）、自然语言处理（NLP）技术等。

第二部分（第 4 ~ 5 章）总结建设 RPA 的实战经验和方法论。第 4 章主要内容为企业 RPA 建设指南及 RPA 卓越中心（CoE）运营技巧。第 5 章讲解 RPA 项目实施过程中的实战技巧，包括需求规划、设计开发、测试部署、持续运维等各个环节。

第三部分（第 6 ~ 10 章）侧重介绍 RPA 的实战案例和应用场景。第 6 章介绍 RPA 与企业财税自动化的应用实例和发展影响。第 7 章介绍 RPA 在金融行业的海内外成功范例，包括银行、证券、基金、保险等各个金融领域。第 8、9 章介绍智慧政务以及国内外大型企业在智能化发展方面的应用场景和案例。第 10 章汇总 RPA 技术和 AI 应用的发展趋势，并对未来的行业应用做进一步展望。

内容特色

本书从 RPA 一词的概念讲起，循序渐进地介绍了企业级智能 RPA 实践要点，内容全面、结构合理，附有大量的图表辅助说明，相信无论是 RPA 入门级读者还是专业人士，均可在阅读本书的过程中获得启发。

本书内容系统全面，智能 RPA 的概念、技术结构和应用案例尽在其中。注重实战是本书的另一特点，作者不仅以大量篇幅介绍了各个细分行业中的真实案例，还提供了重复可用的方法论工具。

本书也呈现了人工智能大背景下热门 RPA 赛道中的一个领军企业对 RPA 行业的洞察，分享了达观团队在践行 RPA 产品开发和应用部署中的经验和技巧。

读者对象

本书内容由浅入深，既适合刚入门或想学习了解 RPA 产品技术的学生、爱好者，也适合期望将智能化 RPA 技术应用在所在领域的专业人士。另外，众多企业、机构都有望在未来通过 RPA 技术实现升级转型，因此本书也适合企业各个经营岗位的管理者阅读，以便了解 RPA 可以发挥作用的应用场景。

RPA 和 AI 的涉及面非常广，本书尽可能全面细致，但限于篇幅，仍然有很多内容未深入展开，加上写作团队水平有限，如有疏漏之处，希望读者朋友们多多包涵，并不吝提出各种意见和建议。

致谢

RPA 是近年来科创圈最热门的话题，人类期盼着借助新一代科技浪潮能从烦琐的工作中解脱出来，期望着发明出智能化的工具来有效提高社会的运转效率。达观数据非常珍惜这样宝贵的历史机遇。我们站在科技发展的时代前沿，积极从事自主研发 RPA 产品，并推动 RPA 技术在中国的发展应用。

机械工业出版社的编辑热情邀请我们撰写一本有关 RPA 的科普书，并给予了非常多的鼓励、支持和帮助。我们在公司中抽调精兵强将组建了写作小组，大家勤勉努力，按时完成了本书的创作任务。期望本书能抛砖引玉，更好地促进行业繁荣。

本书是达观数据集体智慧的结晶，大家积极配合，相互帮助，历时近半年完成了写作任务。本书各章的作者依次为陈运文、邵万骏、童烨、马欣奕、李勇、秦立明、安晓琳、敬文涛、陈文彬和张晋玲，张娇与司晓春负责插图设计工作，陈文彬负责全书统稿。达观的赛娜、金克、娜拉等人在写作期间也给予了很多协助。这些同事牺牲了自己宝贵的业余时间，耗费了很多心血，历经多次研讨和反复打磨，最终顺利交稿。在此对上述辛勤认真工作的同事表示深深的感谢！

本书成书过程中也得到了郭政纲先生所率领的 RPA 中国团队的大力支持。作为达观的战略合作伙伴，RPA 中国协助并提供了丰富的海内外行业应用素材，对此致以感谢！

本书写作和定稿期间，不幸遭遇了新冠肺炎在全世界肆虐，全社会出现了史无前例的封闭隔离。这一方面让达观写作小组的成员们有一段难得的时间能静心写作，另一方面也让大家深刻意识到运用机器人来辅助人类工作是一件极为有价值的事情。未来社会有条不紊地运转离不开 RPA，我们期望能开发出越来越多功能强大的智能化机器人，让它们走上千千万万个工作岗位，分担人类繁重的工作，让社会在遭遇任何问题时都能有条不紊地持续运转。

十年树木，百年树人。期望本书能作为一把钥匙，帮助大家打开 RPA 的大门。未来 RPA 的成功运用，离不开各行各业涌现出的专业人才对其的深刻理解和广泛运用。千变万化，存乎一心。期望各位亲爱的读者朋友们认真学习、灵活掌握，把握住行业发展的大趋势，成为科技发展潮头浪尖的先锋者！

最后，感谢一直以来热心帮助和支持达观的各位朋友！

陈运文　博士

达观数据董事长兼 CEO

目录

全面认识 RPA

在过去的几年里，机器人流程自动化（RPA）受到了越来越多的关注，RPA 正在以其强大的应用能力征服企业，在企业 IT 应用里，RPA 早已占有一席之地，并出现井喷式的增长。RPA 快速且不断地取代重复性高、流程化规范的工作，企业也因此而得以加强创新、提高效率。随着全球经济进入数字化时代，越来越多的企业开始考虑重塑工作方式，将员工的工作与智能技术相结合，以实现人机协作的工作模式，利用人工智能优化机器人流程自动化的价值，将成为企业实现数字化转型最重要的方式。

1.1 RPA 的基本概念

RPA（Robotic Process Automation，机器人流程自动化）的定义：通过特定的、可模拟人类在计算机界面上进行操作的技术，按规则自动执行相应的流程任务，代替或辅助人类完成相关的计算机操作。

与大家通常所认为的具备机械实体的"机器人"不同，RPA本质上是一种能按特定指令完成工作的软件，这种软件安装在个人计算机或大型服务器上，通过模拟键盘、鼠标等人工操作来实现办公操作的自动化。

RPA 也被形象地称为数字化劳动力（Digital Labor），是因为其综合运用了大数据、人工智能、云计算等技术，通过操纵用户图形界面（GUI）中的元素，模拟并增强人与计算机的交互过程，从而能够辅助执行以往只有人类才能完成的工作，或者作为人类高强度工作的劳动力补充。与人类相比，机器人有着无与伦比的记忆力和永不中断的持续工作能力，因此面对大量单一、重复、烦琐的工作任务时，有着巨大的能力优势，能极为显著地提升这类工作的处理准确度和效率。随着近年来计算机硬件成本的迅速降低，企业数字化程度越来越高，互联网的渗透也越来越深入，以 RPA 为代表的自动化办公技术迅速得到市场的认可，成为进入各行各业为人类分担工作的重要补充力量。图 1-1 是机器人流程自动化的示意图。

根据知名市场研究公司 Gartner 的报告，其官方调研的软件细分市场里，RPA 的增长是最快的，同比增长了 63%。机器人流程自动化能够快速增长，成为当前的行业热点，关键原因是 RPA

能够非常快速地产生价值，迅速体现出数字化转型的好处，采购方可以方便地计算出投入产出比（ROI）。相比于传统软件需要等待漫长的开发或升级之后才能体现价值，RPA 可以快速减少基于人工的重复性工作，降低企业的人力负担，提升企业的运营效率。Gartner 在其 2019 年 6 月发布的关于 RPA 供应商和系统的第一份魔力象限报告中宣称："RPA 的很多工具都能为企业创造重要的价值，其核心是帮助企业解锁与其历史技术文档相关的数据和价值。"

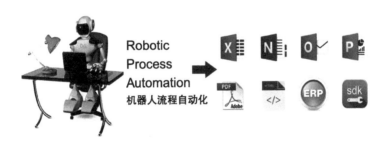

图 1-1 RPA 是未来办公创新和发展的趋势

近年来，随着人工智能技术的飞速发展，计算机在一些更复杂的任务处理能力上有了进一步的突破，其中，计算机视觉（Computer Vision，CV）、自然语言处理（Natural Language Processing，NLP）、自动语音识别（Automatic Speech Recognition，ASR）等技术的准确率相比传统方法有了大幅度的提升。这些技术正在渗透进各行各业，并发挥越来越重要的作用。

自 2015 年以来，人工智能技术和 RPA 在同一时间大幅度发展和进步，恰好相辅相成，汇合在了一起。自然而然地，RPA

和 AI 两者的结合运用，带来了一股非常独特的智能化应用的发展潮流，我们称之为智能 RPA 技术，或者 IPA 技术（Intelligent Processing Automation），即智能流程自动化技术（如图 1-2 所示）。人们往往会认为传统的 RPA 技术只能从事步骤明确、规则固定、重复且简单的工作，应用场景通常只能局限于很狭小的领域，例如财务中的对账、核算等重复性的工作，或者一些批量进行而且烦琐的上传下载、简单的数据填写转录等工作。这些工作所需要的人工经验和智慧很少，在传统企业中，一般是由初级员工、实习生甚至外包岗位来承担。

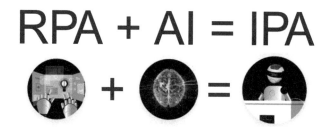

图 1-2　智能 RPA 的构成：RPA+AI=IPA

上述情况正在发生转变，有了 AI 加持，将大量智能化模块和 RPA 组合在一起后，能够发挥出非常大的潜力。国际知名战略咨询机构 Forrester Wave 在报告中指出："随着 RPA 技术的日渐成熟，分析类型将决定哪些供应商将会引领行业潮流。提供文本分析、人工智能组件集成、流程分析和基于计算机视觉的表面自动化的供应商将定位于成功交付。"RPA 软件可用于实现任意数量任务的自动化。

例如，RPA 可将数据移入或移出第三方应用程序系统，解决企业各独立系统间的数据共享问题。RPA 还能从文档或系统中提取信息，并为有需要的工作人员自动进行填写或核对。随着人工智能、知识图谱等技术与 RPA 的结合逐步深入，IPA 将有望在未来的十年里探索出更多的应用场景，使更多规则不明确、判断过程复杂、需要深度行业经验才能从事的业务都实现自动化。

诸如复杂的财务核算、供应链自动调度、合同和报告审阅、法律文书起草、智慧化行政审批等原先需要很多领域知识、专家经验才能进行的工作，也可以通过智能 RPA 技术逐步发展起来。本书后续的部分将从实战的角度为大家剖析智能 RPA 的功能构成和产品应用。

1.2 RPA 的应用价值

1.2.1 大幅度提升企业运作效率

随着计算机技术的发展，现在大量的日常工作都由员工操作计算机来完成。为了更好地简化流程，消除流程各步骤之间的等待时间，提升业务流程的执行效率，很多机构都已经逐步开始尝试使用业务流程管理（BPM）工具以及流程再造和优化的方法。

在这些业务操作步骤中，有一些原本靠人工进行的操作环节，可以通过 RPA 技术实现自动化，以此来快速处理重复性高且细节烦琐的业务流程，从而大幅度提升效率，有效节约成本。按人类平均工作时间为每周 5 天每天 8 小时来计算，人类每周的工作时间为 40 小时，而 RPA 软件机器人则可以不间断地连续工作，按每周 7 天每天 24 小时计算则为 168 小时，机器人的工作时长是人类的 4.2 倍。

机器人的工作效率也远高于人类，并且不会因为工作时间延长而出现疲劳和准确率降低等问题，因此综合工作效率预计可达到人类的 5 ～ 10 倍。

再从成本的角度进行分析，一台机器人的授权费（License）和综合部署成本大约是 4 万～ 6 万元 / 年，约为普通白领成本的 1/3，对企业来说机器人的性价比是非常高的。

1.2.2　降低人工操作的风险

人类非常聪明，在工作中的应变能力非常强，目前在这一点上，机器人是难以企及的。但人工操作的问题之一是人类注意力集中的时间很短，往往持续工作 1 ～ 2 个小时之后工作效率就会由于疲倦等原因而下降，再加上外界干扰和心情等因素的影响，往往很容易引起误操作和误判，偶尔一次漫不经心的失误可能会带来巨大的风险。

此外，因为人是具备多样性的个体，工作经验、工作技能、责任心都有高低和多少之分，不同人的性格也会影响工作的输出质量，甚至同样的员工在不同心情、不同时间里的工作产出也会有所不同。大量的工作流程是需要按照规章制度来进行操作的，如果期望主观因素和情感判断在其中不带来任何干扰，期望避免人为因素故意带来问题，那么这些都可以通过机器人操作来实现。

将既定的流程改用 RPA 软件机器人来执行之后，机器人不会疲倦、不会犯错，而且不会受人的主观情感因素的波动影响，这都能有效地降低操作的风险。而且机器人能够方便地进行复制操作，当工作量翻番的时候，在复制之后，同样的机器人程序将以同样的方式来应对，而不会出现两个不同的机器人处理同样的业务却得出截然不同的结果的情况。

1.2.3　打通和对接各个业务系统，提高灵活性

企业中同时存在大量的信息化系统，例如CRM、ERP、OA、MIS、邮件、企业IM、云盘、数据库等，这些信息化系统分属于企业内的各个业务部门。以往在开发企业信息化系统时，为了对接各个系统要付出巨大的开发代价。因为原有客户的各类系统往往分属于不同的部门，是被垂直管理的，对数据进行查询、转录、报送时，需要改造并打通各类系统，开发各种接口或SDK来实现自动化处理，成本高、周期长。

RPA在对接客户的各类系统时具有非常强大的先天优势，因为RPA软件机器人在进行操作时不用改造原有的系统，而是直接模仿人类行为进行操作，且保密性更好。比如复制和粘贴数据、填写表单、从文档中提取结构化和半结构化数据、抓取并执行浏览器控件等流程，传统的IT改造要想完成这些工作，需要从底层数据库或API方面进行二次技术开发，改用RPA实现之后，则无需对原有系统做任何程序改动即可实现自动化。

RPA软件机器人对接各类系统时的灵活性非常好，执行全过程可留存操作和访问痕迹，以便于回溯，且对接各系统时非常可靠，因此RPA在解决企业原有"烟囱化"的孤立系统、扮演各系统间的"柔性连接器"方面起到了非常重要的作用。

1.3 RPA 产生的背景

RPA 是过往 20 余年软件技术逐步积累和发展的产物，RPA 技术的繁荣和发展离不开以下三个产业应用的背景。

1.3.1 个人电脑和企业信息化的大规模普及

过去 20 年，随着计算机硬件成本的逐步降低，个人办公电脑和软件的迅速发展和普及，以微软 Windows 为代表的个人办公电脑（PC）系统的应用普及，以及近年来以 Linux 为内核的企业服务器系统的发展，大量的日常办公事务摆脱了原有的依赖纸质文档撰写和传递的方式，改为在各种办公电脑上完成操作，并通过互联网进行传递。全球发达经济体 95% 以上的机构和企业的日常办公已经完成了数字化改造，这为发展 RPA 应用奠定了基础。

RPA 技术需要能够控制办公电脑的鼠标和键盘，通过调用和操纵鼠标、键盘来模仿人类的操作行为，Windows 7 及以上版本的操作系统为此提供了良好的技术支持，这是 RPA 诞生的重要基础。

1.3.2 办公套装软件的广泛使用

企业中的各类工作场景，无论是业务、财务、人事，还是运营部门，都已经完成了信息化。企业雇佣大量的员工，每天通过操作计算机来执行信息的采集、输入、抓取、检索、下载、比对和报送等工作，并根据所在行业的业务逻辑对这些信息进行分析和决策。今天所有这些工作都离不开 Office 系列办公软件（Word、Excel、PowerPoint）、Adobe PDF 以　及 Google Chrome、IE、Firefox 等浏览器。

正是得益于这些基础软件所提供的设计良好的底层接口和标准化的文档格式，RPA 软件机器人才能够像人类一样很好地操作和使用这些软件，读取和写入相应的文件，或者打开和点击相应的网页，并编辑其中的内容。因此，办公套装软件的广泛使用，使得 RPA 软件进一步代替人类完成这些工作成为可能。

1.3.3　计算机硬件性能大幅提升和成本快速降低

为了方便进行流程设计，RPA 系统提供了可视化、可拖拽的方式来生成和修改流程，并且提供了很多高级的智能化组件，这些功能都非常考验计算机的硬件能力。当计算机内存不足 4GB 时，运行这些高级功能会非常吃力。十余年以前，计算机的整体运算和存储能力根本达不到要求。得益于计算机硬件技术突飞猛进的发展，在摩尔定律的作用下，每隔 18 个月，集成电路上可容纳的元器件的数目便会增加一倍，同时成本也会降低一半。

今天，计算机硬件的成本相比十年之前已经大幅度降低，一台性能强大的台式机的成本已经不足 5000 元，且应对日常办公绰绰有余。即使是刀片服务器，单台成本也降低到了 5 万元以内，再加上云计算技术的大规模普及，进一步降低了企业的硬件成本，让 RPA 软件机器人能够以非常廉价的成本部署在各类系统中，未来甚至还可能会出现可以安装在手机里的机器人，帮助我们每个人完成日常工作。

1.4 RPA 的发展历程

RPA 的诞生并不是一蹴而就的，而是在过去 30 年的时间里，通过各种技术的发展传承，逐步演变和发展起来的。早期的这些技术并不能称为 RPA，但是它们启发了 RPA 的发展思路。追求工作的自动化是人类自发明计算机起就开始追逐的梦想。从最早出现 RPA 雏形的"史前"时期开始算起，我们可以将 RPA 的发展历程分为四个阶段，具体如图 1-3 所示。

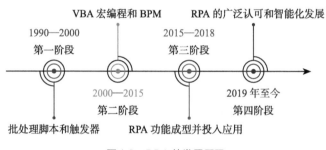

图 1-3 RPA 的发展历程

1.4.1 第一阶段（1990—2000）：批处理脚本和触发器

随着 20 世纪 90 年代硅谷半导体产业的繁荣发展，硬件成本不断降低，促进了办公电脑的普及，大量的企业办公流程也从传统的手工方式改为数字化处理方式，20 世纪 90 年代软件产业的代表性事件是微软的 DOS 和 Windows 操作系统先后诞生。

DOS 和 Windows 操作系统支持以命令行的方式逐条执行任务，因为部分流程包括若干个相互嵌套依存的任务，为方便流程的执行，批处理脚本（Batch Script）技术应运而生。

代码编写生成的 .bat 等批处理脚本，通常用于执行定时开关系统、自动化运维、日志处理、文档的定时复制、文件的移动或删除等固定动作。一般采用手动或按计划任务启动的机制，可提供按日期、日历、周期等多种方式触发规则。这些程序严格来看并不属于典型的 RPA 程序，只是自动化处理的雏形。

批处理脚本的缺陷是构造简单，缺乏处理复杂任务的能力，例如，很难对文档的内容进行理解和分析。另外，难以应对流程处理中的异常情况，不够灵活，针对性不强。纯编码的开发方式门槛高，多由 IT 人员进行，又因为 IT 团队对业务场景的理解较弱，所以批处理流程大部分都应用于偏计算机底层的自动化运维（SysOps）类流程，很少会触及业务经营流程。

1.4.2 第二阶段（2000—2015）：VBA 宏编程和 BPM

2000 年以后，随着微软 Office 系列软件以及 SPA、Oracle 等 ERP 厂商的快速发展，大量企业对自动化处理又有了更多的要求。这其中对效率追求最迫切和典型的是金融领域，例如，对账、审计等金融业务场景，各类企业的往来业务和跨主机系统的业务都会涉及对账的过程，如大小额支付、银联交易、人行往来、现金管理、POS 业务、ATM 业务、证券公司资金账户、证券公司结算等。

以财务会计为代表的大量工作开始通过 Excel、Word 等软件进行操作，并且通过网络电子化的方式进行传递。以全球四大会计师事务所为代表的企业，为了应对财会处理耗费大量人力的问题，催生了以 VBA 为代表的宏技术的应用。

VBA（Visual Basic for Applications）是基于微软的软件开发平台 Visual Basic 产生的一种宏语言，是在 Windows 桌面应用程序中执行通用自动化（OLE）任务的一类编程语言。VBA 是典型的宏编程语言应用。宏（英文为 Macro）由一些独立命令组合在一起，解释器或编译器在遇到宏语言时会进行解析，将这些小命令或动作转化为一系列指令。Lisp 类语言也具有非常精巧的宏系统，其构建的语法结构能够提供非常强大的抽象能力和自动化运行机制。

VBA 主要用于扩展 Windows 的应用程序功能，尤其是微软 Office 软件中的功能，可以很方便地将重复性的动作自动化，例如，对 Excel 中每个单元格的数据进行转录和格式调整等操作，一经推出就大受欢迎。

与批处理脚本相比，VBA 的特点是应用了可视化图形编程界面和面向对象的程序开发思路，开发效率相比于批处理脚本得到了大幅度提升，其所开发的流程也比传统的批处理要复杂得多。Office 2000 之后的版本在宏编程方面提供了一个非常好的创新功能，即"宏录制"功能，该功能的宗旨是降低宏脚本的编写门槛。之前，VBA 脚本的编写需要很专业的计算机编程能力，很多功能（如报表文档修改、誊写的场景）如果直接使用 VBA 编写程序则会非常复杂，开发门槛比较高。"宏录制"功能将手工操作的过程逐一记录下来，变成一条条可执行的脚本，然后自动重复运行。现代 RPA 因为受该功能的启发也集成了录制功能。

这个阶段，另一项重要的里程碑事件是业务流程管理（Business Process Management，BPM）的提出。知名管理学大师 Michael

Hammer 和 James Champy 在 20 世纪 90 年代末的成名之作《公司再造》(*Reengineering the Corporation*)中首先提出了 BPM 的概念,并在欧美企业界兴起了一股重新设计公司流程处理过程的风潮——通过分析、建模和持续优化业务流程的实践来解决业务难题,帮助公司实现财务目标。

BPM 从"事务 + 分析"的角度来连接公司的员工、过程、资源、服务,对企业原有的经营管理方式和流转过程进行重组和优化,运用 BPM 流程图进行透视管理,BPM 与企业的办公自动化系统(OA)、管理信息系统(MIS)、企业资源计划(ERP)等都有密切协同。

不难看出,BPM 还只是对公司的流程进行梳理和优化,与智能化、机器人等并不相干,但是 BPM 对 RPA 的后续运用起到了铺垫作用,尤其是 RPA 实施环节的咨询和流程梳理,都是在 BPM 所铺下的基石上落地的。

1.4.3　第三阶段(2015—2018):RPA 功能成型并投入应用

RPA 产品的真正成型是从 2015 年开始的,UiPath、Application Anywhere、Blue Prism、NICE、WorkFusion 等公司陆续成立,并获得了巨额的风险投资。这些企业的共同创新和努力形成了当前阶段主要的产品形态,其中涌现的核心创新具体如下。

运用可视化流程拖曳设计,以及操作录制等技术,部分替代了传统方式依赖编程来构建机器人流程的方式。可视化 Robots 设计器极大地降低了 RPA 的使用门槛,让更多的普通白领用户也能够根据自己的实际工作流程来制作 RPA 软件机器人，促进了 RPA 在产业中大范围应用和落地。

此外，控制众多机器人进行任务分配和管理的调度系统也应运而生，结束了传统单机运行的简单流程，开始向大型多任务管理方式转变，RPA 的可靠性得到了大幅度的提升，能够从事的流程也变得更多、更复杂。带有复杂控制调度系统的 RPA 成功地在大型商业银行、保险公司以及政府机构里应用并赢得了市场的青睐，这又进一步促进了 RPA 行业的繁荣发展。

1.4.4 第四阶段（2019 年至今）：RPA 的广泛认可和智能化发展

2019 年，Gartner 公布了影响企业未来发展的 10 大关键技术，RPA 荣登榜首。Gartner 着重介绍了 RPA 作为企业数字化转型的重要工具，对增强企业的竞争优势具有至关重要的作用。2019 年 5 月，UiPath 获得了 5.68 亿美元 D 轮融资，估值达 70 亿美元，成为全球人工智能领域里估值最高的创业企业，这也证明了 RPA 已经受到了行业的广泛关注。

2019 年对国内创投圈来说也可称得上是当之无愧的"RPA 元年"，RPA 领域的初创企业无不受到全行业的格外关注，国内各类 RPA 企业纷纷推出产品抢占市场，各行各业也开始拥抱 RPA 技术，采购 RPA 产品进行试点应用。

与此同时，伴随着以深度神经网络为代表的新一代人工智能技术的发展，RPA 纷纷与各类人工智能技术进行融合，试图突破传统 RPA 只能从事简单重复流程的桎梏，转而从事更复杂、更有价值的工作。这其中有两项技术极为关键：计算机视觉技术和自然语言处理技术。

RPA软件机器人在操纵软件界面时，需要认清并准确定位界面上的元素位置，例如，RPA软件机器人如果想要模仿人类控制鼠标"点击"某个ERP软件里的按钮，则往往需要借助按钮的视觉特征，如边框、区域、位置，以及按钮上的文字，来定位点击（Click）坐标。这个过程需要借助计算机视觉技术。近年来，计算机视觉技术的飞速发展使得这些类似的操作实现变得更便捷且效果优异，这就使得日常办公的大量操作，如点击、填写、修改、上传、下载以及对文件中的图文内容的处理都能实现自动化，这又进一步有力地拓展了RPA的使用场景。

自然语言处理也是另一项至关重要的人工智能技术。我们日常办公中90%以上的操作是与文档资料息息相关的，这些操作包括阅读、归纳、审核、推理、写作等。自然语言处理技术让计算机能像人类一样读懂并理解人类文字的含义，从而能够对文档进行处理。例如，如果RPA想要像财务经理一样审核某个财务报表里的数据是否完整和正确，那么它就要能够"看得懂"文档里的句子，并理解句子中提到的数据的含义，进而根据财务知识来核算数据勾稽关系，判断数据是否存在问题。如果NLP系统足够强大，还可以像人类一样将所发现的问题汇总后写成一篇报告。可见，上述这个复杂的操作任务必须依赖自然语言处理技术作为其核心模块来发挥作用。

科技的发展具有其内在的规律，RPA技术是现代社会信息化发展到一个新阶段的标志，是计算机软硬件发展到一定程度之后诞生的产物，目前正在进入繁荣发展和大规模产业应用的阶段。

我们也期待接下来随着物联网、5G、人工智能等技术的快速发展，RPA 还将不断进化并进入新的发展阶段。

1.5 RPA 的核心产品功能

1.5.1 模拟人工执行用户操作

RPA 的一项关键能力是可自动控制计算机，调用操作系统的底层接口，模拟人工来执行相关的操作。这就好比是自动化流水线上的机器人机械臂，工作内容实质上是在模拟蓝领工人的手臂来完成各类操作。RPA 是通过调用计算机操作系统的功能来模拟白领员工在计算机上通过键盘和鼠标进行各种操作，从而实现代替人工完成流程处理任务的功能。

1.5.2 非侵入式外挂部署

与传统的 ERP、OA、CRM 等 IT 信息化系统不同，RPA 运行于更高的软件层级，它不会侵入和影响已有的软件系统，而是在表现层对这些系统进行操作，其本质就是一个"外挂"程序，可以模拟人的操作行为去访问当前系统。

这种在表现层操作的方式，遵循了现有系统的安全性和数据完整性的要求，这样不仅可以最大限度地与现有系统共存，彼此之间不会造成任何干扰，而且不会对已有系统造成任何威胁，从而在帮助企业提升效能的同时，还能保持已有 IT 系统平稳、可靠地运行。

1.5.3 可视化的流程设计

RPA 功能中的一个重要闪光点是通过可视化的拖曳设计方法降低流程编写门槛，为那些熟练掌握业务流程但只有很少编程经验的业务人员提供便利。通过社区、在线教学视频、认证课程等的帮助，即使是没有编程经验的员工，也可以在短时间内掌握 RPA 流程的编排方法。

甚至可以说，是否具备以图形界面的方式来进行可视化流程设计的能力，是区分"真正的 RPA 产品"和传统批处理程序的一个重要标志。

1.5.4 快速灵活的运维

正常情况下，除去前期的服务器部署、环境安装等工作（大约需要半天时间），一个熟悉业务流程的人员开发并上线一个中等难度的 RPA 应用只需要 2 ~ 3 天的时间。相比传统的开发模式（如 Java、C# 等），RPA 的周期缩短了一半。

与此同时，开发好的流程可以由控制中心灵活地分配给待命状态的机器人进行处理，这种流程和执行器分离的设计原则让后续的运维工作也变得便捷了很多。控制中心可以方便地分配、管理、修改各类任务，以及调度和管理机器人的运行。

1.5.5 对接调用外部组件

为了让 RPA 的能力成倍地增长，一个很关键的能力是可以对接和调用外部的组件来扩展其功能。常见的接口包括 PowerShell、

WebService、VBScript、数 据 库 SDK、DLL 插 件，以 及 CV、
NLP、ASR 等高级的 AI 组件等。

狭义的 RPA 只包括流程设计器、机器人和控制器三个部分，
但是需要对接和调用外部组件，借助于这些外部生力军，可以
大幅度拓展 RPA 的使用边界。达观 RPA 甚至将最常用的 CV 和
NLP 组件直接集成进入了 RPA 产品里，通过可视化拖曳方式，
直接运用这些组件来形成相应的流程，也是 RPA 的关键能力点。
著名市场咨询机构 Forrester Research 为 RPA 最新发布的 Wave
报告中指出："应用程序控制功能现在是关键。安全、桌面分析、
多租户、设计便捷性和部署效率是使产品脱颖而出的几个关键因
素。"但 Forrester 预计，在不久的将来将会出现更复杂的功能，
而这些新的功能都需要通过调用外部组件库来提供。

1.6 RPA 行业的主要企业

RPA 的概念首先兴起于海外，并投入应用，在 2018 年至
2019 年期间才开始进入国内市场。因此，我们将目前参与 RPA
领域的企业划分为海外阵营和国内阵营，结合各类咨询公司的行
业研究报告，并汇总相关企业公开发布的信息，盘点出如下可供
大家观察和分析的知名 RPA 企业。

1.6.1 海外知名 RPA 企业

1. UiPath

RPA 的兴旺与海外几家知名企业的发展历程密不可分，其

中，UiPath 是最典型的代表。UiPath 创办时间很早，2004 年诞生于罗马尼亚的布加勒斯特市，两位创始人是罗马尼亚籍工程师 Daniel Dines 和 Marius Tirca，当时这家公司的名字还叫 Deskperience，公司 CEO Daniel Dines 曾经是微软罗马尼亚分公司的一位程序员。在公司创办的前 10 年历程里，它不过是一家平平无奇的软件外包公司，主要承接一些业务软件的开发、广告效果监控系统等零碎业务，也为 Google、微软等大公司外包开发一些自动化库和 SDK 工具。2012 年，该公司忽然发现自己开发的一些工具能够找到图形界面（GUI）中的元素路径（Path），可以用来重复执行一些网页操作（Web Replay），从而用于一些重复性的作业流程，因此改名为 DeskOver。当时的产品理念是提供桌面自动化工具，这也是 RPA 发展的雏形。

在各种机缘巧合的作用下，DeskOver 公司推出的 UiPath Studio 桌面自动化软件颇受欢迎，于是在 2015 年，DeskOver 公司又正式改名为 UiPath，并将公司总部迁至美国纽约。UiPath 在产品方面做出了大量的创新，包括为业务分析人员或 RPA 开发人员提供一套简单、易用的开发环境 Studio，并提供拖放控件来构建流程。开发好的流程将发布给 Robots 来运行，并提供了中央控制台 Orchestrator，以方便为管理人员提供所有机器人的操作视图。后续的 RPA 企业纷纷效仿这些特性，Gartner 和 Forrester 等研究机构都认可 UiPath 是行业的领导企业。

根据 UiPath 2019 年公布的数据，其声称已拥有超过 4000 家企业客户，其中包括《财富》前 10 大企业中的 8 家。UiPath 提供了本地部署版本和云端版本，并大量进行行业认证培训和供应商生态建设。截至 2019 年，UiPath 已经在 200 个国家开展了业务，拥有超过 3000 名员工。

UiPath 的融资规模也很可观，2017 年 4 月获 3000 万美元 A 轮融资，2018 年 3 月获 1.2 亿美元 B 轮融资，2018 年 9 月获 2.25 亿美元 C 轮融资，2019 年获 5.68 亿美元 D 轮融资，估值 70 亿美元。D 轮融资由知名对冲基金 Coatue 领投，Dragoneer、Wellington、Sands Capital 和 T. Rowe Price Associates 跟投，老股东 Accel、CapitalG 和红杉资本 Sequoia，以及包括 IVP 和 Madrona Venture 在内的其他现有投资者也参与了本轮融资。

UiPath 在 2019 年公布的经营数据显示，其达到了每月新增近 200 个客户的增长速度，年度经常性收入接近 2 亿美元。UiPath 的关键客户包括美国富达（American Fidelity）、Bank United、金霸王、谷歌、日本交易所集团、麦当劳、NTT 通信公司、法国电信（Orange）、理光、罗杰斯通信、新生银行、Quest Diagnostics、优步、美国海军、Voya 金融、维珍媒体等，与德勤等会计师事务所达成战略合作关系。此外，UiPath 在全球 200 多个国家和地区拥有超过 40 万用户，并培育了全球最大的 RPA 社区。2018 年 11 月，UiPath 宣布进入中国市场。

2. Automation Anywhere

Automation Anywhere（AA）于 2003 年成立于美国加州圣何赛，公司四位创始人都来自印度。CEO Mihir Shukla 此前在硅谷多家公司任职，有超过 25 年的丰富工作经验。公司声称有 2800 多名客户和 1600 多个企业品牌正在使用其平台，AA 员工数量超过 1800 名。据 Forrester 分析，其主要客户来自金融、高科技、电信、医疗和制药等行业。该公司最近宣布收购总部位于巴黎的创业RPA企业Klevops，公司宣称，这一收购将改变有人值守和无人值守自动化之间的动态关系。

AA的产品包括IQ Bot、Bot Insight、Bot Store等，其中，IQ Bot主要用于模拟人类在图形用户界面上的交互操作以完成重复性操作。Bot Insight主要用于提供流程和业务的管理与分析，Bot Store是一个"应用市场"，主要用于提供预置的各类流程模板。此外，AA还提供了Attended Automation 2.0功能，允许多个员工账号跨组编排机器人参与自动化任务。AA的技术特色是纯Web内核、原生采用云服务架构，自然语言处理技术与非结构化数据认知等技术也在AA的产品中广受欢迎。

AA称目前其总营收和客户营收的年复合增长率分别高达100%和150%，服务对象包括Google、LinkedIn、西门子、戴尔、万事达卡、思科、联合利华、大众、高知特、普华永道、世界银行等大型企业，并与IBM、埃森哲等企业达成战略合作关系。业务范围覆盖十几个国家，且公司现有的年度客户留存率可以达到98%，2018年收入超过1.2亿美元。

2018年7月，AA宣布获得由NEA与高盛成长基金（Goldman Sachs Growth Equity）领投，General Atlantic与World Innovation Lab参投的2.5亿美元A轮融资，估值18亿美元。2018年11月，AA获得软银愿景基金（SoftBank Vision Fund）3亿美元A+轮融资，估值达26亿美元。2019年10月，AA宣布获2.9亿美元B轮融资，交易后估值达68亿美元，该轮融资由Salesforce Ventures领投，参投方包括软银投资顾问（SoftBank Investment Advisers）和高盛成长基金等。

3. Blue Prism

Blue Prism（BP）是由金融领域的几位 IT 专业人士于 2001 年在英国沃林顿创建的，此前该公司一直为巴克莱银行构建解决方案。BP 自创建之后，在全球累计服务了 992 家企业，其中 2018 年就新增了 528 家，主要集中在银行、金融、电信等行业。此外，有超过 50% 的订单来自已有客户的追加订单。2016 年，BP 在英国伦敦股交所上市，2018 年 BP 公司年收入 5520 万英镑，同比增长了 125%，目前市值约为 14 亿英镑左右，上市 3 年间股价上涨了近 16 倍，是为数不多的几家上市 RPA 公司。

Forrester 称，BP 已与包括 AWS 和谷歌在内的主要云服务提供商展开合作，最近还宣布在微软 Azure 上免费试用云服务。BP 收购了 Thoughtonomy，一家有近 500 名员工的公司。预计这笔交易将帮助 BP 扩展基于 Microsoft Azure 的 SaaS 服务，将有助于加快其在垂直市场和中端企业的部署。

BP 是基于 Microsoft .NET Framework 构建的，包括集中式发布管理界面和流程变更模型，主要提供"无人值守型"机器人，即流程编码都在后端自动执行。BP 重视所有操纵的过程留痕，支持 PCI-DSS、HIPAA 和 SOX 等监管技术，以进行合规检查和实时过程分析。

与 UiPath 将自己定位为类似于 Excel 一样人手一个的机器人工具不同，BP 更看重面向大型企业的完整、可靠、合规、稳定的整体解决方案。这与 BP 一直为银行等大型金融机构提供服务的背景有很大关系。BP 推出的 connected-RPA 理念，认为企业级的数字化劳动力是为整个企业服务的，而不只是为个人服务。BP 更强调机器和人的大规模密切协作，以及连接各种认知技术和第三方功能模块，以提供严密完善、统一管理的企业级数字化劳动力平台。

4. WorkFusion

WorkFusion 总部位于美国纽约，在欧洲和亚洲的 8 个国家设有办事处。联合创始人 Max Yankelevich 和 Andrew Volkov 在麻省理工学院（MIT）计算机科学与人工智能实验室（CSAIL）赞助的一项机器学习研究项目中受到启发，于 2011 年成立公司，将机器学习和软件协调工作结合在一起，创建了一个集成的 RPA 和认知自动化平台，称为智能过程自动化。WorkFusion 的免费版本 RPA Express 允许用户下载并试用这项技术。

2014 ～ 2015 年，WorkFusion 推出了首个集成 RPA 和认知自动化平台——智能流程自动化（SPA）。SPA 利用历史数据和实时行为的模型进行训练，自动完成企业流程中的判断工作（例如，分类、提取非结构化信息等），在控制传统应用（例如，Citrix、SAP、Oracle）时，代替人类来完成重复、枯燥的工作。

如今，WorkFusion 的客户数量已经超过了 1000 家，客户所在行业包括金融、保险、医疗保健、消费品、公用事业、电信、零售等。

WorkFusion 的独特之处是从一开始就非常推崇机器学习（Machine Learning，ML）技术。除了 RPA 软件之外，该公司还开发了 Process AutoML 等一系列的其他产品，旨在帮助数据科学家和其他用户完成最耗时的任务：清理数据。该技术还有助于训练机器学习模型以完成任务。根据 WorkFusion 的说法，这些功能使人工智能成为了商业人士的一种能力。Gartner 的报告称，

WorkFusion 在 RPA 环境下使用人工智能和机器学习方面展现了卓越的能力和远见。

从 2011 年获得首笔 230 万美元种子轮融资开始，2014 ～ 2018 年，WorkFusion 一共获得了 6 笔融资，合计 1.21 亿美元。

5. NICE

NICE 公司于 1986 年创办于美国新泽西州霍博肯，公司的定位是云呼叫中心和企业级软件解决方案提供商。经过多年的发展，NICE 公司开发的软件平台能够帮助大型企业的客服和呼叫中心从多个来源实时捕获和处理用户信息，包括电话、App、电子邮件、聊天、社交网络等。以此为基础，NICE 还提供了 RPA 工具让大量桌面工作，如填写表格、处理订单、商品询价等实现自动化，减轻了一线人员的工作负担。

NICE 的主要产品包括 NICE RPA7.1、NICE Employee Virtual assistant，自动化查找器发现工具、NEVA Attended Automation 虚拟助理，以及集成了桌面分析（Desktop Analytics）、光学字符识别（OCR）、机器学习等非结构化文本处理能力的平台。NICE 同时也提供了私有化部署系统和云服务版本。

与其他几家专注于 RPA 软件的创业公司不同的是，NICE 的一项很重要的业务是建设大型企业客服和呼叫中心的解决方案，而 RPA 只属于 NICE 业务线中衍生出的一个版块。NICE 的目标客户集中在年收入超过 10 亿美元以上的大型企业，为这些企业定制解决方案。1996 年，NICE 在美国纳斯达克上市，目前市值约为 90 亿美元。2018 年，其营业收入同比增长 8%，云计算营收同比增长更快，达到了 28%。

目前 NICE 拥有超过 3500 名员工，足迹遍布超过 150 个国家，拥有多达 25,000 名客户和超过 85 家财富 100 强公司。

1.6.2 国内知名 RPA 企业

1. 达观数据

达观数据（如图 1-4 所示）创办于 2015 年，团队由来自百度、盛大、腾讯等公司的专家组成，一些成员曾荣获 ACM 竞赛冠亚军。CEO 陈运文博士毕业于复旦大学计算机学院，曾担任百度核心工程师、盛大文学首席数据官、腾讯文学数据中心负责人。达观团队擅长开发智能化机器人和自动文档处理系统，开发了文档智能审阅系统 IDPS、智能搜索推荐引擎、知识图谱和语义分析平台等。2019 年，达观数据推出了达观智能 RPA 系统，深度集成了自有的文本语义分析 NLP 模块和图像识别 OCR 模块，可以自动化完成大量日常办公操作。达观智能 RPA 系统采用 Go 语言进行底层开发，跨平台运行能力强，不仅可以在 Windows 系统上稳定运行，还可以在 Linux、安卓以及国产操作系统上运行。客户来自金融、制造、能源、地产、政府、军工、传媒等行业。2019 年 12 月，达观数据宣布与微软达成合作伙伴关系，并在微软 Azure 云发布 RPA 解决方案。

达观数据创立后获得真格基金领投的 1000 万元天使轮融资和软银赛富领投的 5000 万元 A 轮融资。2018 年 11 月，达观数据宣布完成宽带资本旗下晨山资本领投的 1.6 亿元 B 轮融资，其他投资方还包括元禾重元、联想之星、钟鼎资本、方广资本、众麟资本、掌门集团等。2020 年，达观数据宣布完成知名投资机构深创投领投的 B+ 轮融资，合计融资金额超过 3 亿元。

图1-4 达观数据 DG-RPA 系统

达观数据目前在北京、上海、成都、深圳等地区都设立了分支机构，服务了数百家知名机构，荣获"国家高新技术企业""专精特新企业""上海市科技小巨人企业"等荣誉称号，业务在快速扩张中。

2. 云扩科技

云扩科技于 2017 年 7 月在上海成立，CEO 刘春刚曾任微软 Azure 云平台数据管理自动化平台负责人。2019 年 9 月，云扩科技正式宣布推出企业级 RPA 平台天匠智能 RPA2020 版，架构分为三部分：天匠编辑器（BotTime Studio）、天匠控制台（BotTime Console）及天匠机器人（BotTime Robot）。

云扩科技于 2019 年 6 月宣布获金沙江创投、明势资本千万美元A轮融资，并于同年8月宣布再次获得红杉资本中国基金的数千万元A+轮融资。

云扩科技以自研的天匠智能RPA平台为核心，致力于为金融、能源、电信、制造等各个行业提供智能的流程自动化解决方案，通过RPA赋能传统行业，提高运营效率，加快数字化变革。

3. 弘玑

弘玑（Cyclone）于2015年在上海创办，CEO高煜光曾担任惠普中国企业服务集团创新解决方案总经理。弘玑公司是一家基于"数字员工"产品推出行业解决方案的公司，主要业务是开发、销售具有自主版权和知识产权的RPA软件机器人流程自动化产品——数字员工，并为行业用户提供行业集成解决方案，应用主要集中在金融、保险、零售、医疗、科技等领域。弘玑公司于2019年6月宣布获得DCM和源码资本A轮千万级美元融资。

4. 来也科技

来也科技于2015年在北京创办，CEO汪冠春2002年进入上海交通大学电子工程专业，2006年进入普林斯顿大学，获得博士学位。曾创办电影推荐网站"今晚看啥"。来也科技致力于做人机共生时代具备全球影响力的智能机器人公司，其核心技术涵盖深度学习、强化学习、自然语言处理、个性化推荐和多轮多模交互等。公司已获得数十项专利和国家高新技术企业认证。来也科技推出的第一款C端陪伴式机器人"小来"已通过微信服务了近千万个人用户。2017年，来也科技公司面向企业客户推出了B端产品——智能对话机器人平台"吾来"。该公司于2019年6月

27 日与 RPA 公司奥森科技 UiBot 合并成"新来也",并宣布获凯辉创新基金、双湖资本和光速中国的 3500 万美元 B+ 轮投资。2020 年 2 月宣布获得上述机构的 4200 万美元 C 轮融资。

5. 艺赛旗

艺赛旗（i-Search）于 2011 年在上海成立，CEO 唐琦松曾在上海广电通讯和安氏领信科技担任销售经理。艺赛旗研发中心位于南京，业务团队位于上海，主要开展系统集成类、系统咨询类、系统服务类业务，其核心产品一部分是涉及 UEBA（User and Entity Behavior Analytics）用户实体行为分析的录屏录音软件，另一部分是 RPA 产品。iS-RPA 的智能机器人是艺赛旗独立研发并拥有自主知识产权的 RPA 产品，iS-RPA 以纯粹自动化的形式，快速高效地帮助企业完成各种流程化工作，在显著降低成本的同时，从根本上提升了工作的效率。艺赛旗服务的客户对象包括金融、运营商、政务、制造业、教育、服务业等众多领域中的 500 余家客户。

艺赛旗曾于 2016 年在新三板挂牌（证券代码为 839025），后于 2017 年 11 月宣布摘牌退市，2018 年 1 月宣布获得由上海锐合资本领投、上海国际创投、东证资本等跟投的 6000 万元注资。

6. 英诺森

英诺森于 2015 年年初在南京成立，创始人胡益曾就职于 SAP 和埃森哲等公司。英诺森主要为全球范围内的大中型能源企业提供企业级软件咨询及研发服务，致力于融合管理实践与信息技术，打造应用层面创新的数字化解决方案。英诺森于2019年2月宣布获宽带资本、君源创投投资的数千万元A轮融资，同年8月宣布完成君联资本领投、老股东跟投的数千万美元B轮融资。

英诺森共设有三条业务线：企业咨询服务、数字化供应链和数字化劳动力。企业咨询服务包括IT规划、供应链咨询、ERP咨询等业务；数字化供应链产品主要着眼于企业的物资管理领域，基于AI和IoT研发了智能仓储（Instock）、智能主数据（Indata）、供应链优化（Inovat）等产品，以帮助企业提升仓库及存货管理能力；数字化劳动力则以流程自动化工具（ProcessGo，财务机器人）为核心，帮助企业进行数据整合与流程集成。

7. 金智维

金智维是专注于证券软件开发的A股上市公司金证股份控股的子公司，总经理廖万里曾在宇信恒升和广州铭太科技任职，从2009年起负责自动化运维产品的开发。金智维于2016年在珠海成立，主要为证券机构和银行提供智能运营和智能运维软件系统。智能运营产品即K-RPA（机器人流程自动化平台），是针对财务、清算、人力资源、数据管理、客服、信用卡审批、IT运维等场景推出的RPA软件机器人，平均能为客户降低50%的成本，并实现误操作率为零。

除RPA产品之外，金智维还拥有智能运维产品，包括服务流程管理（KC-ITSM）及智能知识库（KC-COOL），服务流程管理为企业提供偏后端的软硬件运维，包括业务应用、性能、日志、硬件等的监控，以及数据库中间件等。

8. 阿博茨

阿博茨科技于 2016 年 3 月在北京创办，是一家以人工智能技术为核心的金融科技公司。CEO 杨永智毕业于华中科技大学，是连续创业者，在创办阿博茨之前主要从事移动互联网创业，研发的海豚浏览器被畅游收购。阿博茨科技自 2017 年 3 月开始探索人工智能在金融行业的应用，致力于用人工智能技术赋能金融行业，为金融从业者提供全方位的产品和服务。目前该公司已推出基于 AI 技术开发的金融产品，包括为提升金融专业人士投资研究效率的 Modeling.ai，以及数据预测产品 Eversight.ai。2019 年 6 月，阿博茨公司推出了金融行业 RPA 产品 Everdroid.ai。

2017 年 8 月，阿博茨宣布获得 3 千万美元 A 轮融资；2018 年 12 月宣布获得 3 千万美元 B 轮融资，投资机构为 Mindworks 概念资本、SIG 海纳亚洲、启明创投。阿博茨在北京、南京、武汉均设立了研发中心，在上海、深圳、中国香港、新加坡等地设有分支机构。截至目前，阿博茨员工总数超过 300 人。

1.6.3　行业巨头动态和并购

2019 年 11 月，全球软件巨头微软在"Ignite2019"大会上宣布推出具有 RPA 功能的 Power Automate（如图 1-5 所示），微软 CEO 纳德拉同时发布了虚拟机器人 Power Virtual Agents。Power Virtual Agents 结合了 Microsoft Bot Framework 与 Power Platform 技术，将 API 和 UI 的工作流程结合在一起。Power Virtual Agents 通过录屏、记录的方式使任务流程实现自动化，旨在使任何人都能构建无须代码、无须 AI 培训的智能机器人，例如，记录鼠标单击、键盘输入数据的动作，然后重播这些操作。同时 Power Automate 还与当今主流的人工智能技术相结合，以处理那些烦琐、耗时的非结构化数据任务。目前，Power Automate 支持 275 个 API，覆盖了所有主流的日常办公软件。

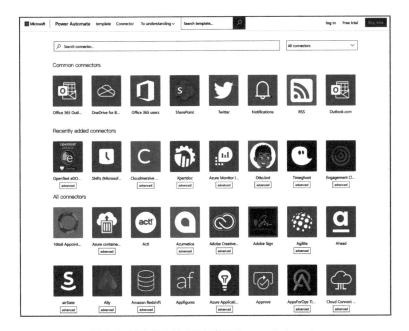

图 1-5　微软推出的 RPA 产品 Power Automate

全球企业软件巨头 SAP 在 2019 年 10 月举行的 "SAP TechEd" 大会上，发布了多款针对金融、医疗、保险、零售等行业的智能自动化产品（IPA），SAP 首席技术科学家 Juergen Mueller 介绍了多款 SAP 智能自动化产品，包括 SAP HANA、SAP Leonardo AI、Analytics Cloud 和 SAP Cloud Platform。新发布的这四款产品从人力资料、财务管理、产品制造、供应链再到采购材料都提供了全套的智能自动化服务。

此外，RPA 领域的企业并购也进行得如火如荼，全球四大会计事务所之一的德勤在 2019 年 10 月宣布全资收购澳大利亚 RPA 创业企业 Éclair Group，并将推出德勤的专属 RPA 产品。

2019 年 7 月，BP 斥资 8000 万英镑收购了 RPA 创业企业 Thoughtonomy，用于充实自己在云服务 RPA 技术方面的能力。

2018 年 11 月，SAP 宣布收购法国 RPA 创业企业 Contextor SAS，该公司 2000 年创办于法国奥赛市，被收购前一直专注于开发微软远程桌面设置，以及与 XenDesktop 工作站和 XenApp 应用服务器兼容的产品。SAP 计划在未来三年内使用 Contextor 的 RPA 技术帮助至少一半的与 SAP ERP 软件相关的科技巨头实现流程自动化。SAP 机器学习主管 Markus Noga 曾表示："通过 Contextor 加速智能 RPA，企业将能够拥有成为智能企业所需的高自动化水平。"

对未来的每个组织机构来说，是否能运用好 RPA 将会成为核心竞争力高低的决定性因素。今天大量的复杂业务流程，未来会由涉及多个岗位的机器人相互协调并配合完成。为了应对多场景、多流程、多机器人协作的需求，部分有洞见力、走在新技术创新应用前沿的企业，对公司的组织架构进行了大胆的创新变革，设立 RPA 卓越中心（Center of Excellence，CoE），用于统一调度和管理 RPA 的实现和运用。这个 CoE 团队使用 RPA 工具和 AI 技术来管理正在进行的 RPA 实施项目，让管理人员尽量保持系统的灵活性，相信未来会有越来越多的组织将在管理架构方面针对 RPA 进行构建和部署。

对每个人来说，RPA 都会创造出大量千载难逢的高质量就业机会，因为 RPA 仍然需要由专业人员进行指导才能够得以成功实施，例如，专业咨询顾问进行流程梳理与优化、专业技术团队完成开发与支持、专业实施与顾问团队完成精确配置与调试。未来各行各业都需要大量这样的专业人士发挥他们巨大的价值。

因此，尽早学习和掌握 RPA 的有关知识，把握住行业发展的大趋势，成为潮头浪尖的先锋者，既是大家学习的目标，也是本书创作的初衷。

|第 2 章| C H A P T E R 2

企业级智能 RPA 平台功能

企业在业务流程自动化升级中面临着诸多挑战，企业级 RPA 基于领先的平台架构、丰富的自动化功能和领先的人工智能技术，为企业提供了完善的智能自动化方案。本章将详细介绍企业级智能 RPA 的产品功能，让大家对企业级 RPA 产品的功能有一个全面的了解。

2.1 企业级智能 RPA 的 7 大特性

在企业业务不断增长和扩张的同时，其内部也积累了各种 IT 系统。一个普遍存在的痛点是很多企业和政府机构的关键业务所用的系统都已非常老旧，随着时间的推移和业务的革新，利用这些系统进行日常工作正变得越来越低效。此外，老旧系统的升级还存在着一系列的难题，如系统之间互相耦合、错综复杂，改造难度高、投入多、时间长，旧的系统支撑着关键业务，无法承受长时间的研发周期等。这种情况下，企业级智能 RPA 平台提供了在不改变现有系统的前提下又能解决问题的最佳方案。

另外，随着人类劳动力的成本越来越高，数字化劳动力的优势就变得越来越明显。RPA 软件机器人作为企业的数字化劳动力，在处理大量重复操作的任务方面具有成本低、效率高、安全合规等优势。机器人执行标准化的业务流程，操作速度能达到人工处理的数倍，并且可以 7×24 小时全天候工作，能为企业节省大量成本。

企业级智能 RPA 平台无需修改现有的 IT 架构，也无需重新设计基本流程，只需要模拟人类员工的工作方式在多个系统之间完成切换和交互即可。企业级智能 RPA 平台以企业级规模化部署、虚拟员工管理体系建设等为目标，具有平台部署、智能化程度高、兼容性好、稳定可靠、高可用、安全易维护等特点。

1. 平台部署

企业级应用场景往往会面向众多用户，因此对访问速度和数据安全性的要求非常高。很多企业出于数据保密的目的只能在内网环境使用 RPA，这就要求 RPA 要能够实现本地平台级部署，在企业内部的服务器和电脑上安装并运行 RPA 平台，包括在 PC 上部署 RPA 流程开发平台和机器人，以及在后台服务器上部署控制中心和人工智能的相关服务。

2. 智能程度高

在很多业务场景中，员工需要处理大量的办公文档、文本、图片、报表等非结构化数据，传统 RPA 对于这些难题无能为力。智能 RPA 深度融合了 CV（计算机视觉）、OCR（光学字符识别）与 NLP（自然语言处理）技术，能解决传统 RPA 无法处理非结构化数据的难题。企业级智能 RPA 在文本自动化处理过程中能够实现从信息抽取到比对、审阅、填写的一体化解决方案，可用于财务、税务、金融、人力资源、信息技术、保险、客服、运营商、制造等多种行业的自动化场景，提升企业的自动化能力。

3. 兼容性好

因为各个行业所用的软件系统大多是基于不同的语言和架构开发的，因此语言和框架的差异性巨大。RPA 通过模拟人对鼠标和键盘的输入操作来完成对这些软件系统的操控，因此企业必须实现不同操作系统和软件应用程序的自动化。企业级 RPA 从软件底层架构和人工智能组件两个层面来突破自动化领域的关键技术瓶颈，以实现客户的业务流程自动化。一方面，企业级 RPA 平台支持跨平台部署，能够在 Windows、Linux、Mac、国产 OS 等操作系统上运行。另一方面，在当前鼓励国产化的趋势下，由国产操作系统、办公软件、数据库系统等组成的软件生态正在日益发展壮大，因此对国产软件的完美兼容也成为企业智能 RPA 必不可少的要求。

4. 稳定可靠

RPA 平台的稳定性直接关系到企业业务流程能否正常进行，因此平台的稳定可靠对企业来说具有非常重要的意义。RPA 平台通过强大的容错能力和异常处理机制，能够保证各种环境下 RPA 流程的稳定性，保障企业的正常生产。在正常的业务压力下，RPA 平台及流程需要持续运行 24 小时以上，同时还需要保证各项计算机资源使用稳定，CPU 和内存等的占用无上升趋势，系统处理能力无下降趋势。RPA 流程应支持流程容错机制、流程及系统异常处理机制，能够及时捕获流程中可能出现的网络、文件、资源、软件等运行异常，并为对应的平台提供监控报警和完备的日志记录。

5. 高可用性

作为企业正常运转的核心环节，企业的业务自动化流程必须保证高可用性，在出现异常和故障时也能保证一直可用。企业级 RPA 平台支持服务器的高可用性部署，支持大批量部署机器人的场景，支持服务器的横向扩展，以适应机器人数量不断增多的情况（如图 2-1 所示）。即使服务器集群中有机器出现故障，也不会影响其他机器的正常运行，从而保证控制中心能够正常工作。在容灾方面，RPA 平台支持数据库的主从模式，通过数据库的实时主从复制实现双机热备，以保证异常情况下的数据安全，从而实现数据库的高可用性。

6. 安全性高

企业的自动化升级不仅是指通过流程自动化技术重新分配规则明确、重复性高的工作，还要保证自动化业务的数据安全，因此数据安全是企业级 RPA 非常重要的评价指标。企业级 RPA 可以从以下四个方面来保障数据的安全性。

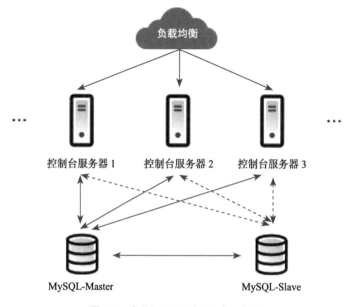

图 2-1　企业级 RPA 高可用部署架构

　　第一，第三方应用系统的账号和密码通过加密的方式进行存储，开发人员可以通过云变量的形式调用第三方应用系统的账号和密码。

　　第二，开发平台与控制中心，控制中心与机器人终端之间通过网络传输安全协议进行通信，这样做可以规避敏感信息的泄露风险。

　　第三，对机器人处理的业务数据进行加密处理，并将其设置为对运维人员不可见，以防止业务数据信息外泄。

第四，机器人临时查看的敏感数据仅用于中间过程处理，处理后即销毁。

通过以上方法，企业级 RPA 即可实现全方位的数据安全保障。

7. 容易维护

随着企业的发展和业务的拓展，业务软件也会随之升级。为了保证 RPA 流程能够一如既往地稳定运行，RPA 流程经过评估后可能需进行相应的调整。RPA 流程的可读性非常重要，维护人员若能快速读懂开发人员设计的流程，则可以大大提升维护的效率。企业级 RPA 流程基于可视化控件开发，提供可视化调试等多种易用功能，因此可以在很大程度上降低维护人员维护和改造流程的难度。

2.2 企业级智能 RPA 平台架构

企业级智能 RPA 由开发平台、控制中心、机器人和人工智能组件四部分组成，相互之间无缝协作，可以提供高性能、低成本和极致用户体验的端到端解决方案，如图 2-2 所示。

1. 开发平台

类似于雇佣一个新员工，新的 RPA 软件机器人对企业的业务流程是完全陌生的。通过开发平台，我们首先需要设计出让机器人能够理解的流程，然后才能调度机器人完成相应的工作。作为机器人自动化流程的开发工具，开发平台可以为开发人员提供开箱即用的流程模板、体验友好的可视化界面、强大易用的拖放式自动化控件和完备详细的任务操作指令。用户可以快速上手，并基于模板轻松上线自动化业务流程。

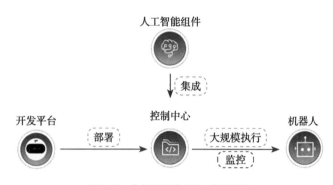

图 2-2　企业级智能 RPA 产品架构

2. 控制中心

当企业中有可供调度的机器人时，控制中心就是管理数字化劳动力的机器人管家。控制中心是管理人员在生产环境中最常使用的 RPA 平台组件，是管理人员与机器人进行对话的窗口。通过控制中心，用户可以灵活高效地管理机器人和流程，包括机器人的许可和运行、流程和任务的分配、可视化监控、日志审计及数据分析等。

3. 机器人

企业级 RPA 软件机器人支持自动化执行复杂烦琐的业务流程，可按规则要求存取和处理数据、支持自动录屏和回溯场景，数据丢失风险更低，数据更安全。对于不同的企业环境，RPA 软件机器人支持在实体机器和虚拟环境中进行部署，因此可以方便地扩展机器人的数量、灵活性较高。

4. 人工智能组件

就像人类聪明的大脑一样，人工智能组件通过以语义分析、文本识别等为核心的人工智能技术，赋予了企业智能 RPA 平台更强大的业务技能和场景延展性。组件基于计算机视觉、光学字符识别、自然语言处理和机器学习等技术建立了 RPA 软件机器人的认知能力，持续的模型训练、矫正和优化，使得机器人在流程自动化过程中具备了智能处理能力。目前，AI 技术在企业中的应用仍然处于初步探索阶段，企业级 RPA 平台正处于从标准化、逻辑清晰的 RPA 逐步向智能程度更高的 IPA 发展的过程之中。

2.3 RPA 开发平台

1. 开发平台功能

开发平台（Studio）是 RPA 流程的设计器，为流程设计者提供了可视化开发、编码开发和录屏开发等多种模式，包含了流程管理、第三方库管理、流程模板等功能。开发人员可以根据客户的业务需求快速进行流程设计、调试和发布。

2. 可视化开发模式

可视化开发模式是指用户可通过拖放自动化流程控件的方式来开发和调试流程。企业级智能 RPA 的可视化模式提供了数百种自动化控件，对各行业办公流程中的人工操作行为进行了全面的定义。通过子流程和第三方库导入等功能，RPA 可快速复用已有成果，从而加快流程的开发进度。

（1）图形化设计器

开发平台的图形化流程设计器界面包括菜单栏、工具栏、控件区、编辑区、属性区五个部分（如图 2-3 所示），下面具体介绍各部分的功能。

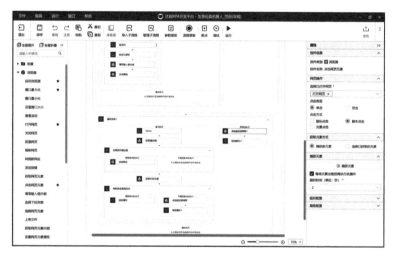

图 2-3　图形化设计器

菜单栏：展示文件、编辑、运行、帮助等功能菜单，其中包含了图形化设计器操作的所有功能。

工具栏：展示常用的开发功能，如保存、复制、粘贴、撤销、还原、编辑区缩放、导入子流程、运行、调试、发布等功能。

控件区：展示了丰富的自动化功能控件，支持对不同浏览器、系统窗口、常见办公软件（如 Word、Excel、PPT、PDF 等）等应用的操控。

编辑区：自动化控件支持拖放至编辑区，灵活组合和调整以完成复杂业务流程的自动化设计。编辑区的流程控件支持自动布局，无需用户调整，在保证逻辑清晰展示的同时提升开发的效率。

属性区：控件的输入和输出参数可在属性区进行设置，控件参数会根据前后逻辑关系自动依赖，用户可下拉选择系统提供的候选依赖项，快速完成参数配置。

（2）UI 自动化控件

对系统软件进行自动化操控是 RPA 软件机器人能够像人一样执行流程的关键。创建自动化流程的核心技术包括对系统界面信息的抓取、鼠标和键盘操作模拟、工作流技术以及其他自动化处理技术，它们模拟人机交互操作（例如发送键盘、鼠标命令，或者对文本进行操作），以实现基本的用户界面自动化。

❑ 界面信息的抓取

RPA 对界面信息的抓取包括系统界面、桌面程序界面和浏览器界面等。系统界面和桌面程序包括基于 Win32、Java、.Net 等开发的各类软件，如系统文件及文件夹、Office 等常用办公软件、数据库、SAP、Citrix 等软件系统。对 Windows 操作系统界面的信息抓取依赖于 Windows API 等技术，对桌面程序界面的信息抓取，则是根据程序的 UI 框架不同而采用不同的捕获方案，例如，SAP 软件就是通过 SAP 提供的 API 进行捕获的。对浏览器界面的信息捕获可通过 Web 应用程序测试工具进行，浏览器界面抓取能力支持 IE、Chrome、Firefox 等不同浏览器。

❑ 鼠标和键盘模拟

RPA 通过 Windows API 来模拟人类使用键盘或鼠标进行输

入的操作，包括光标操作、发送快捷键等。单双击、悬停等光标操作是指模拟鼠标单双击或悬停在用户界面元素上的活动，在必须模拟人类操作鼠标的场景下是非常有用的。发送快捷键可将键盘快捷方式发送到用户界面元素上，例如，某个软件的快捷键可以代替在该软件界面上点击鼠标的一连串操作。

❑ 其他自动化处理技术

计算机视觉识别技术可以基于人工智能算法对 UI 元素进行识别（例如，按钮、文本输入字段或复选框），而无须使用选择器。计算机视觉技术可以通过神经网络对指定 UI 元素进行识别和标记，以保证 UI 元素的交互操作能够准确执行。

❑ 工作流技术

工作流技术（Workflow）是指在流程中从一项操作到另一项操作的过程，其中包括单个任务从一个步骤到另一个步骤，直到一个流程完成为止。常见的工作流包括调用其他工作流、遍历循环等。通过工作流技术，RPA 流程实现了多种功能操作的高效聚合。

（3）流程模块和子流程

RPA 流程实施项目中往往存在如系统登录、文件下载、数据处理等类似的功能需求。开发平台的子流程功能支持对基础的甚至是完整的功能流程进行导入，复用已有的开发成果以加快项目的进度。导入生成的子流程控件可以在当前流程设计中直接进行拖放使用，相比大段流程的复制和粘贴，这种操作更简单，流程更简洁。对于用户导入的子流程控件，RPA 开发平台还提供了对流程模块和子流程进行管理的功能。用户可以随时对子流程控件进行增删改查的操作，如修改与子流程对应的流程版本和描述等信息。

（4）可视化调试

RPA 调试是识别和消除导致流程无法正常运行的错误的过程，也是 RPA 流程设计中最常用到的功能之一。用户可以对自动化控件设置断点，调试运行之后，设计器会利用不同的可视化状态标识流程当前的运行进度（如图 2-4 所示）。如果遇到设置了断点的控件，那么流程会暂停运行。此时，流程可视化调试支持用户修改可视化控件参数，并反复运行当前的自动化控件，抑或是继续运行直至遇到下一个断点或者运行结束。可视化调试大大提高了开发者排除和处理流程异常的效率。

图 2-4　RPA 流程断点调试功能

3. 编码开发模式

企业的业务流程自动化在升级的过程中往往会遇到特殊的定制化业务流程。编码开发流程的方式在应对定制化业务需求时具有灵活、高效的优势。因此，企业级 RPA 开发平台还提供了编写代码的流程开发模式，平台中内置了数百种功能接口，支持用户高效开发复杂的流程。编码开发模式支持断点调试，因此能够准确清晰地标识开发问题；同时还具备功能接口自动提示的功能，从而使开发过程变得更加高效便捷（如图 2-5 所示）。

菜单工具栏：支持代码本地运行和断点调试，保存和重命名应用，以及将已保存的应用发布至控制台。

API 区：开发平台为用户提供了详细的 API 信息，支持 API 的快速搜索和自动提示功能。

编辑区：用于编写流程代码，支持代码的高亮提示和函数自动补全。

元素捕获区：RPA 代码流程中，自动化处理的元素可通过元素捕获的方式来进行定位。

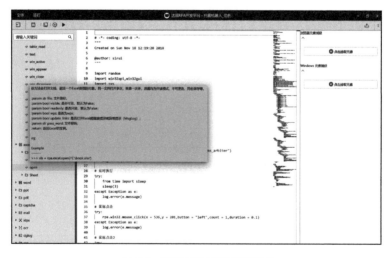

图 2-5　RPA 流程编码开发模式

4. 录屏开发模式

企业在使用 RPA 平台的过程中，往往会遇到根据业务需求定制流程的临时需求。为了使企业中的员工即使不具备深厚的流程开发能力，也能快速地自定义业务流程，RPA 为企业管理人员等关注业务本身的员工提供了录屏开发的模式。启动录屏开发模式之后，RPA 开发平台对业务机器桌面上的所有操作行为进行完整地录屏。业务操作结束之后，平台将分析用户的操作，生成对应的自动化流程控件，支持用户在这个基础上进行简单的修改。

5. 第三方库管理

RPA 在流程的实施过程中，经常会遇到企业定制化需求的场景。企业级 RPA 平台除了内置了大量的功能接口之外，还支持导入第三方代码库，在流程中加入额外的预定义功能，从而提升流程的可扩展性和兼容性。用户在设计流程的过程中，如需第三方代码库来支持业务流程的自动化，则可以通过此功能来快速扩展 RPA 软件机器人的能力。例如，RPA 可以导入第三方的国产数据库操作代码包来实现国产数据库的连接使用。通过第三方库的扩展，机器人能够实现更多的功能，兼容更多的软件操作，适配更多特殊环境。

6. 流程管理

企业级 RPA 平台往往会涉及众多的业务流程。RPA 在实施过程中，开发人员会依据业务需求对流程进行开发和管理。RPA 开发平台支持流程的创建、搜索、修改、复制、发布、迁移和版本管理。

（1）流程编辑和展示

RPA 开发平台作为流程设计器，支持用户进行开发模式的切换，用户能够选择可视化、代码开发等模式的其中一种进行流程设计。为了便于用户查找，展示的流程支持用户进行筛选和搜索等操作，用户可通过流程名、版本等信息对流程进行快捷查找。

（2）流程迁移

为了便于流程在不同的环境下进行数据迁移，平台支持流程的导出和导入功能。用户可将流程导出成特定的 RPA 文件，导出的流程文件支持本地加密存储，以保障业务数据等隐秘信息。用户使用开发平台导入流程文件之后，可读取完整的流程信息。

（3）流程发布与版本管理

用户可将定稿版本的流程发布至控制中心，发布时可以自定义版本信息。平台支持使用版本号对先后发布的流程进行区分，支持用户自定义版本描述，以方便版本的迭代管理。对于多次发布的流程，各版本之间互不影响，支持版本回溯功能。

7. 流程模板

为了帮助用户快速掌握 RPA 平台的使用方法，帮助客户快速上线自动化业务流程，RPA 开发平台内置了丰富的开箱即用的流程模板（如图 2-6 所示）。用户可以直接使用模板来实现业务流程的自动化，或者是基于模板进行简单的参数配置。流程模板通常基于真实的业务项目需求而打造，覆盖了各个领域的典型场景，以方便不同行业的用户按需使用。

　　RPA 流程模板不仅包括身份证、营业执照、发票、银行卡等日常证照识别的功能级流程模板，而且也支持银行贷款合同、民事判决书、债券募集说明书、招股说明书、企业上市公告等常见文档的比对和关键信息抽取。同时，基于行业业务场景的深刻洞察，RPA 流程模板还封装了企业征信信息查询、财务报表采集、信贷额度计算、企业贷后预警、银企同业对账、发票识别与验真、管理报表自动生成、订单实时监控和处理等应用级流程模板，覆盖了银行、证券、保险、财税、政务等典型应用场景，可以帮助开发人员、企业客户和 RPA 平台的合作伙伴及时使用智能自动化服务来处理那些烦琐、复杂、消耗时间的事务性工作，并使企业和组织能够从机器人流程自动化中获取巨大收益，实现流程的自动化升级。

图 2-6　企业级 RPA 流程模板

2.4　控制中心

1. 控制中心功能

控制中心（Console）是机器人和流程的管家，支持用户进行多维度的监控和管理。企业级 RPA 的控制中心一般包含机器人管理、流程管理、任务管理、监控和报表分析、第三方库、数据资产、用户权限管理等功能。用户可以通过控制中心便捷地调度机器人，同时还能及时了解业务流程自动化的成效。

2. 机器人管理

企业级 RPA 往往会连接大量的 RPA 软件机器人，机器人管理模块可以让用户了解机器人资源现状，管理并调度机器人。机器人管理模块支持展示注册的机器人名称、主机名、IP、系统版本、联机状态等信息。用户可以查看单个机器人的流程排期状态，了解机器人的忙碌和空闲时间。机器人管理模块还支持快捷搜索，当注册机器人的数量很多时，用户通过搜索和过滤可以快速定位机器人。

3. 流程管理

用户在开发平台上设计和发布的流程可以在控制中心的流程管理模块中进行查看和操作。流程列表将展示流程的名称、版本、描述等信息，用户既可以查看该流程的所有版本及更新时间，又可以通过搜索和筛选的功能对流程进行快速定位。流程列表中展示的流程，支持用户执行流程名、版本描述信息的修改以及流程的删除等操作。用户可见的流程能够通过任务管理模块被机器人调用和执行。

4. 任务管理

任务管理模块支持用户调度机器人以某种触发方式执行流程，用户可以新建、修改、暂停和终止任务。任务设定好之后，机器人会根据任务设定的流程和执行方式，在一定时间内自动执行任务（如图 2-7 所示）。任务管理模块支持用户查看任务信息、流程的执行状态、任务运行的结果及日志等信息，并且支持用户通过筛选和搜索来快速定位。

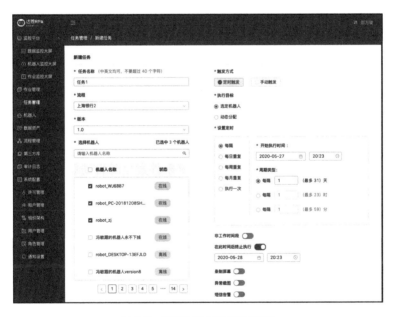

图 2-7 创建机器人流程执行任务

（1）机器人任务分配方式

RPA 平台对机器人任务的分配方式主要包括指定机器人和系

统动态分配两种。指定机器人的方式会让选中的机器人按要求执行某项流程，系统动态分配的方式则会由系统根据机器人资源的实时使用情况分配空闲的机器人去执行某项流程，这里涉及工作队列和机器人资源池的概念。工作队列是一种企业级 RPA 任务管理协同机制，在此机制下，系统从客户的业务视角出发，将创建的任务排入工作队列，并按照队列的顺序依次执行。机器人资源池是指可以执行流程的 RPA 软件机器人的集合，资源池中的机器人都具备执行流程的环境和权限。系统动态分配机器人时，就从此资源池中按设定的规则进行安排，保证各任务有序运行而不会发生冲突。

（2）任务触发方式

包括定时触发（每隔若干天 / 小时 / 分钟一次、每日定时重复、每周定时重复、每月定时重复）、事件触发和手动触发三种方式。定时触发是指机器人在指定的时间内触发流程运行；事件触发是指机器人在监控到某一系统事件发生时自动触发流程执行；手动触发是指用户在需要时通过控制中心或机器人手动触发任务执行。针对不同行业的业务流程需求，企业级 RPA 需要灵活支持不同的任务触发方式。

5. 可视化监控

很多企业（如证券公司）对信息的时效性要求极高，因此，流程及任务的异常情况需要第一时间展示给用户。可视化监控通过监控大屏的方式，将机器人和流程的运行情况全盘汇总在大屏幕上，一旦发生异常就立即警示告知。控制中心对机器人及流程的可视化监控包括机器人运行环境监控、流程状态监控、流程节点进度监控和任务状态监控等。机器人运行环境监控指标包含所在 PC 机器的网络、内存、硬盘、CPU 等资源，流程状态监控可用来展示流程当前运行节点的状态，流程节点进度监控可用来直观展示流程的完成进度，任务状态监控则用于展示任务的当前状态（如图 2-8 所示）。

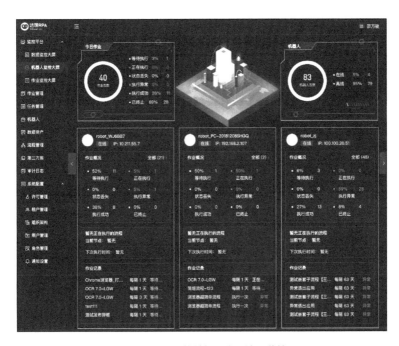

图 2-8　RPA 软件机器人及流程监控

6. 报表分析

为了从更长的时间跨度上帮助用户优化机器人和流程的使用，控制中心提供了用户数、流程数、流程启动次数、机器人数、机器人运行时长、机器人在线状态、任务执行结果等项目，可通过折线图、饼图等方式展示数据的统计结果，也可由用户自定义报表分析项目（如图 2-9 所示）。控制中心还可为用户提供进一步的收益分析，从用户节约时间总量和解决资金总量的角度，展示 RPA 在企业降本增效的自动化升级中所带来的收益。

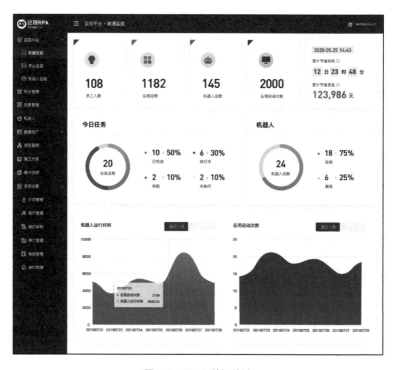

图 2-9　RPA 数据统计

7. 第三方库

第三方代码库可存储在控制中心，任务流程与相关的第三方代码一同下发，为任务的正常执行提供必要的保障。第三方代码库既提升了软件的扩展能力，同时也提升了流程对更多系统软件的兼容能力。

控制中心的第三方库管理功能支持用户查看和操作租户下共享的第三方库，库列表可展示代码包的名称、版本等信息，支持用户进行代码包的信息修改和包的删除等操作。对于冗余、有问题或失效的代码包，用户可定时进行清理。第三方库管理，实现了第三方代码资源在多用户间的高效共享。

8. 数据资产

企业自动化业务流程常存在对数据进行保密的要求，这就需要对流程设计人员进行隔离。控制中心数据资产管理模块的作用是保证流程开发人员在进行正常开发的同时，还能够满足企业对数据保密的要求。企业可在数据资产管理模块中创建安全性要求较高或易变化的变量。数据资产可包括个人、部门等不同级别的数据资产，可定义单个变量、变量组等不同的类型和形式，支持基于领先的加密算法对数据进行加密。用户可灵活使用数据资产管理模块来实现个人和部门的企业数据私密云存储，在进行流程开发时，只需要向开发人员提供加密后的数据变量名即可，从而实现私密数据对 RPA 项目的实施人员的透明化。

9. 用户权限管理

控制中心的用户权限管理模块基于角色进行权限控制，为多种角色赋予不同的权限，使多位用户关联不同的对应角色来实现用户权限的灵活控制（如图 2-10 所示）。

（1）用户管理

对企业的全部用户进行管理，以实现查看、修改、新增、删除企业用户信息（包括用户账号、组织、角色等）的操作，支持用户自定义筛选，以及通过用户名称等字段进行搜索达到快速定位的功能。控制中心支持企业内部 Active Directory 的集成，其能够实现企业用户的大批量导入功能。

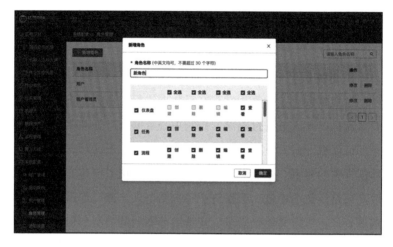

图 2-10　设置系统角色权限

（2）角色管理

对企业中存在的角色进行管理，实现查看、修改、新增、删除用户角色信息的功能。不同角色对资源具有不同粒度的操作权限，从而可以实现差异化的权限控制。角色管理支持通过名称搜索以快速定位已有角色的功能。

10. 租户管理

企业级 RPA 利用多租户技术对客户的资源及企业信息进行隔离，从逻辑上充分隔离以保证数据安全性。多租户技术又称多

重租赁技术，该技术实现了在多用户的环境下共用相同的系统或
程序组件的功能，并且仍可确保各用户间数据的隔离性。

　　简单来说，多租户是指一个单独的实例可以为多个组织服
务。多租户技术在共用的数据中心内，以单一的系统架构和服务
为多数客户端提供相同的甚至是可定制化的服务，并且仍然可以
保障客户的数据隔离。一个支持多租户技术的系统需要在设计上
对它的数据和配置进行虚拟分区，从而使系统的每个租户（或称
组织）都能够使用一个单独的系统实例，并且每个租户都可以根
据自己的需求对租用的系统实例进行个性化配置。在企业级 RPA
平台架构中，租户是控制中心和开发平台分配使用许可的单位，
租户可用的总许可数限制了下属用户可用许可数的并行总数。

11. 组织管理

　　企业组织架构是进行企业流程运转、部门设置和职能规划等
基本操作的结构依据，在 RPA 平台中进行流程和机器人的资源
分配时，可用来确定数据权限的界限，因此其有着非常重要的边
界意义（如图 2-11 所示）。企业级 RPA 适用于不同组织结构形式
的企业，组织管理功能支持企业实现复杂的组织架构设计。用户
可按照企业的组织部门对租户下的用户进行划分，对不同组织部
门间的数据进行隔离。组织管理模块可实现查看、修改、新增、
删除企业组织信息的操作，并支持通过筛选和搜索来快速定位用
户的功能。

12. 运维管理

　　运维管理模块是企业对机器人和流程资源进行运维监控和管
理的重要工具。运维管理菜单下主要展示了当前连接控制中心的

开发平台和机器人设备列表，包括序列号、设备 ID、设备 OS、更新时间等信息，管理员可以停用或者启用设备（按照许可机制的规则，将设备和序列号绑定在一起，一台设备有且只有唯一的序列号）。控制中心接入许可证后可显示设计器（Studio）和机器人（Robot）设备的过期时间和使用数量，并且还能够控制设备的连接时间期限或数量。

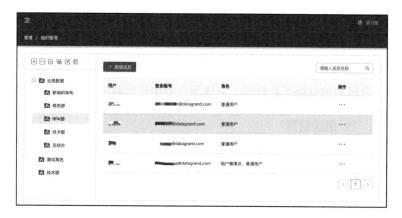

图 2-11　设置企业组织架构

13. 通知管理

企业业务流程对稳定性和时效性都有很高的要求，这就意味着 RPA 平台不但要保证流程任务尽可能地稳定运行，还需要将可能出现的异常情况及时告知用户。RPA 控制中心的通知管理模块支持用户对通知的类型、内容、方式、时机等进行选择和自定义配置。通知类型划分了不同级别的严重程度，如紧急、严重、普通等不同级别。通知内容包括机器人上下线时间、任务执行结果等。通知的方式包括手机短信、邮件、语音、微信等。通知时机包括实时通知和自定义时间通知两种方式。

14. 日志审计和录屏

日志审计是企业级 RPA 必不可少的功能，它为软件运行、用户操作和流程执行提供了最详细的记录。日志审计主要包括开发平台、控制中心和机器人本身的运行日志，以及机器人的流程执行日志等。控制中心支持审计日志的分布式搜索和分析，适用于企业大批量部署 RPA 软件机器人的场景。

机器人执行流程支持录屏操作，以方便用户回溯和追查问题，流程录屏文件也可作为流程合规性检查的支持材料。在执行过程中打开录屏设置的流程，RPA 平台会对业务机器桌面的所有操作行为进行完整地录像，精准地记录机器人及用户的每一步操作。企业业务流程框架可抽象为流程节点，机器人的流程节点的录屏操作可通过流程执行日志定位时间。

15. 登录管理

企业级 RPA 通过许可向用户授予产品功能的使用权，许可一般分为商用和非商用两种类型。商用类型的许可是指客户依据合同规定购买的产品使用权许可，期限一般为永久有效。非商用类型的许可一般用于产品功能的试用、测试等，有严格的期限限制。

RPA 平台支持跨租户登录、登录权限控制设计，适配企业人员不同角色权限的功能（如图 2-12 所示）。不同权限的用户登录系统后，系统会根据权限设置显示相应的功能模块和数据范围。

图 2-12　RPA 多租户登录管理

2.5　机器人

1. 机器人功能

企业级智能 RPA 平台的机器人（Robot）能够读取、分类和处理来自应用程序、文档和数据库的内容，能够处理结构化、半结构化和非结构化的数据。融合智能语义分析、字符识别、计算机视觉和机器学习等人工智能技术，机器人可以实现更先进的自动化方案（如图 2-13 所示）。

从目前市场主流的 RPA 产品来看，RPA 的种类可按人机交互的方式分为无人值守型、有人值守型、人机交互型三种；也可以按照部署方式划分为单机运行型、本地部署型、云端部署型三类（如图 2-14 所示）。RPA 的发展方兴未艾，除了上述类型的 RPA 产品之外，相信未来还将不断涌现出新的产品种类。

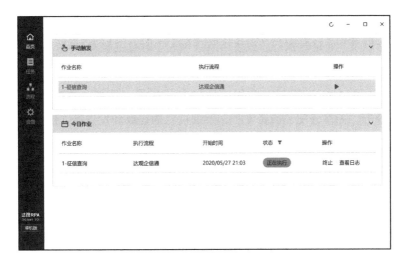

图 2-13　企业级智能 RPA——机器人

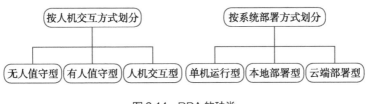

图 2-14　RPA 的种类

2. 按人机交互方式划分

不同的流程需要人参与或触发的要求是不同的，因此 RPA 的这三类智能机器人分别适合于处理不同场景下的流程。

（1）无人值守型机器人

流程的全过程由 RPA 软件机器人自主完成，完全不需要人工参与。无人值守型 RPA 的流程由机器人自行按照指定规则进行触发（如定时执行，或者当某条件成立时自主触发），并且以批处理的方式连续完成全部工作。

无人值守型 RPA 常用于后台办公场景，例如，数据采集、分析、工作分配，或者文档、票据信息的提取和发送等，RPA 软件机器人全天候完全自动参与工作流程的事件和操作，以简化文档和数据管理流程。这类机器人通常用于执行流程明确、逻辑清晰的任务。

（2）有人值守型机器人

有人值守型机器人需要人类传入指令来控制 RPA 软件机器人的执行启动，并监督处理执行的过程和结果。RPA 软件机器人需要预先设定好工作流程，由管理员或指定员工输入命令或访问账号才能触发任务的执行。除此之外，RPA 软件机器人返回的结果，需要人工监视和确认，才能认可流程执行的结果。例如，机器人完成指定财务报表的填写工作之后，如果该报表的信息极为关键，那么往往需要人工复核机器人填写好的内容，在确保内容完全正确之后才能确认完成流程，否则就要进行回滚。

有人值守型机器人比较类似于"人类助理"——随时响应人下达的命令，作为员工的助手执行烦琐的工作，并将结果呈递给人以接受检查。

（3）人机交互型机器人

人机交互型机器人是指流程执行过程中需要机器人和人工相互配合，交互完成整个动作。因为很多复杂的流程只靠 RPA 软件机器人是难以独立完成的（例如，银企对账时需要人工插入银行 U 盾、一些政务流程里需要插入税盘或法人一证通），还有一些流程需要依赖前序执行结果来灵活调整参数配置，或者中间某些步骤需要人工参与才有能力完成等。

人机交互的过程既可以通过接口或远程访问机器人，也可以在集中控制器中实时查看、分析和部署机器人。日常工作中存在大量执行步骤比较复杂的流程，需要依靠很多人工的专家经验进行判断，单靠 RPA 软件机器人独立完成非常困难，这时人机交互过程就能很好地发挥其优势，通过更强的协作和沟通来完成这些流程。

3. 按系统部署方式划分

（1）单机运行型

单机运行型，顾名思义，是指只在本台计算机上运行的机器人。在本地 RPA 设计器上完成开发的机器人，可以直接调用本台计算机的 API 执行对应的流程。

单机运行型机器人通常只扮演本机开发后的测试角色，以迅速确认流程基本能够正常运行，然后再进行正式的发布和部署，因此也称为"开发型机器人"，作为企业正式流程部署前的开发测试员。

单机运行型还有一类情况是面向个人用户提供的初级试用版，一些轻量级的 RPA 产品并非面向企业客户（2B），而是面向普通用户（2C），产品的特点是简单、廉价（甚至免费）、便捷。这类产品只需要帮助个人解决重复性的工作即可，而不用考虑企业级的高可靠性和多机协同部署方式，这种情况下单机运行版即可满足需求。

（2）本地部署型

本地部署型（On-Premises 型）是最常见的企业级 RPA 部署方法，一般需要在企业的若干台工作电脑上部署机器人（Bots），在企业服务器上部署控制系统（UiPath 中称为 Orchestrator，达观 RPA 中称为 Console），并将机器人设计器（Studio）中开发好的流程通过控制系统发布到机器人中实现运转。

本地部署型往往需要根据企业自身的软硬件环境、操作系统版本、各类业务系统等制订专属方案，尤其是为了确保部署后的可靠性，需要设置大量的容错机制和异常处理逻辑，部署过程相对比较复杂，交付周期长，需要一定的周期，但优点是系统稳定性好，功能强大，比较适合中大型企业客户。

（3）云端部署型

通过云服务器来提供的 RPA 称为云端部署型 RPA，又称为 On-Demand 或 SaaS 型 RPA。这种 RPA 的控制系统并不是安装在本地电脑上，而是部署在远程的云服务器上，并且是通过互联网来调度本地机器人进行工作。

云型 RPA 和 SaaS 产品类似，通过在线申请开通账号后即可使用，登录云服务平台即可观察和管理机器人的工作过程。机器人流程的制作和发布也可以利用 Web 浏览器来完成，部署成本低，部署方式灵活方便。但云端部署型对网络可靠性的要求非常高，云服务器和机器人要始终确保通信畅通。此外，云型 RPA 的定制化程度弱于本地部署型，因为很难针对本地软硬件环境做定制处理。因此，云型 RPA 比较适合中小型企业客户，或者是在企业的小规模业务场景内摸索使用的情况。

云型 RPA 的付费方式更多是订阅式付费，早期投入相比项目

实施型要低很多，充分利用了云计算的优势。云型 RPA 比较适合
业务量相对较少、预算有限的客户，以获取更高的投资回报率。

2.6　人工智能组件

1. 人工智能组件功能

企业级 RPA 的人工智能组件（AI Component）主要用于提
供以图像处理、文本识别、语义分析等为核心的人工智能技术，
赋予 RPA 智能化数字员工更强大的业务技能和场景延展性。如
果将传统的 RPA 产品比喻成人的双手，因为它能够替代人工处
理一些简单的、规律性的事务，那么融合了人工智能技术的 RPA
产品则相当于是拥有了人的眼睛和大脑，这就使得 RPA 软件机
器人能够处理的场景和能力得到了大大的提升。人工智能组件不
仅能够帮助用户解决代填、数据迁移之类的业务，还能够通过图
像处理、文本识别提供的"眼睛"的能力和语义分析提供的"大
脑"的能力处理大量的纸质文档，以及对文档进行分析和研判。

2. 智能图像处理组件

传统 RPA 的元素捕获功能需要依靠系统或软件提供的接口，
对目标元素进行识别或定位，通过消息传递机制或键盘和鼠标操
作完成一系列的操控动作。但元素捕获能力的强弱在很大程度上
取决于开发的接口，很多第三方的软件或者非标准化的元素常常
会无法捕获。

企业级智能 RPA 创新性地将计算机视觉技术与传统元素捕获
功能相结合，以便更好地支持非标准化元素的定位与获取。计算

机视觉是一项帮助计算机、软件、机器人或其他设备获取、分析及处理图片的技术。智能 RPA 利用计算机视觉的模板匹配技术识别并定位目标元素，然后使用键盘和鼠标进行控制。模板匹配技术需要两幅图像：一幅是原图像，在其中寻找与模板匹配的区域；一幅是模板，是用来与原图像进行比照的图像块。在检测最匹配区域的过程中，模板在原图像上进行滑动比较，即图像块一次移动一个像素（从左往右，从上往下）。每个位置都进行一次匹配度或相似度的计算，最终找到模板与原图像最匹配的位置。

通过创新性地整合计算机视觉技术，企业级智能 RPA 可以完全捕获国产办公软件 WPS、国产数据库、Chrome、IE、Firefox、App、Email、Office、ERP、SAP、Citrix 等各类应用程序界面的非标准元素，完全避免了 RPA 在实施过程中部分非标准元素无法定位和捕获的尴尬局面，极大地拓展了 RPA 的能力边界。

3. 智能文本识别组件

在许多行业的业务场景中都存在着将大量的影音文件、纸质文件的数据录入电子系统的工作，传统 RPA 一般无法直接处理扫描件等影印类型的数据资料。智能 RPA 能够与基于光学字符识别（Optical Character Recognition，OCR）的智能文本识别技术相结合，实现对身份证、发票、房产证、火车票、营业执照等扫描件的高精度识别（如图 2-15、图 2-16 所示）。光学字符识别是指利用电子设备（例如扫描仪或数码相机）检查纸上打印的字符，通过检测暗、亮的模式确定其形状，然后用字符识别的方法将形状翻译成计算机文字的过程。OCR 技术具体来说就是，针对印刷体字符，采用光学的方式将纸质文档中的文字转换成为黑白点阵的图像文件，并通过识别软件将图像中的文字转换成文本格式，供文字处理软件进一步编辑加工。通过 OCR 技术，可以自动识别护照等证件上的信息，从而能够省去大量的人工录入工作。

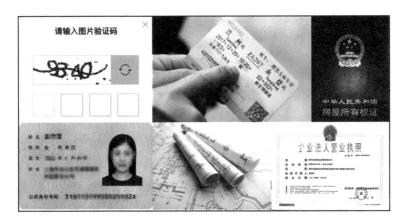

图 2-15　验证码等文件智能识别校验

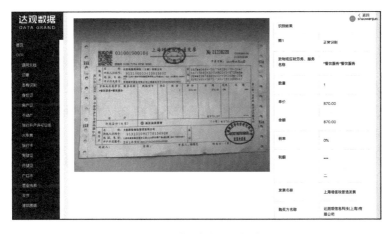

图 2-16　发票智能识别校验

　　智能文本识别组件能够实现高难度的文本识别，除基础证件、证明、常用报表之外，其还可以处理无边框表格，对于手写体识别也可以达到较高的准确率。智能文本识别组件使用了基于 CTPN 等先进算法的文本检测网络，能有效地区分文本与模糊图片，可以方便地处理各行各业的汇总文档与报表，同时还可以便捷地处理爬虫数据。当组件使用基于 Mask-RCNN 和 Unet 的表格检测算法时，可以通过大量的图像处理算法构建无边框表格的表格线，区分文本与表格的内容，有效解决无边框表格处理这个业界难题。

　　智能文本识别组件使用基于 CRNN 等算法的文本识别网络，能够大幅度提升识别的准确率。除传统类别的文本之外，该组件对污损印章、模糊手写与混合验证码的识别也能取得良好的效果。该组件支持全新类别的文档定制化开发，如建筑图纸等类别。智能图像处理组件除 SaaS 部署方式之外，还支持私有化部署，具体采用哪种部署方式可依据客户的需求灵活调节。

4. 智能语义分析组件

　　经过 OCR 技术识别之后，智能 RPA 平台可以将照片等图片信息转化为电子信息，但是对于其中的关键信息还是没有办法处理，因此需要进一步使用 NLP 技术。NLP 技术可用于对文档的各个维度进行分析，自动提取出文档中的关键内容，比如，从劳动合同中找到就业信息、岗位内容等相关的材料，同时完成相关内容的自动填写。智能语义分析组件基于 NLP 技术，结合深度学习、多模型融合、图像处理等 AI 技术可以实现对文档的深入理解和分析，从而最大限度地提高企业的工作效率、降低监控风险。

智能语义分析组件基于海量文本语料库、审核规则、外界知识库（法规库），由浅入深地全面审阅文档，以实现不同业务场景及其中任何文档类型的审阅工作，如采购类合同、银行业零售贷款合同、民事判决、债券募集说明书等（如图 2-17 所示）。智能组件使用 Docker 技术，部署轻便、扩容方便，能快速完成平台的搭建；系统既可独立部署，也可以通过 API 调用的方式直接对接现有系统的业务，从而在最大程度上减少用户在不同系统间的学习成本和障碍。智能语义分析组件能够实现文本分类、文本审核、文本摘要、标签提取、观点提取和情感分析等文档智能分析功能，针对不同的行业需求提供易用的自动化控件操作及 API，支持更加丰富的使用场景。

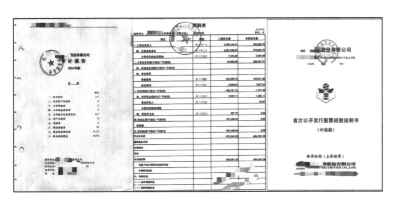

图 2-17　智能 RPA 实现文本（财务报表、审计报告、招股说明书等）的智能抽取

由于各行业的业务场景都很复杂，企业在实现业务流程自动

化升级的过程中需要面临诸多挑战，因此企业对 RPA 也提出了更高的要求。企业级智能 RPA 通过安全稳定、高可用的平台架构，完善易用的系统功能，实现了对企业结构化数据场景问题的高效处理。企业级智能 RPA 在深度融合人工智能技术之后，拓宽了机器人的非结构化数据处理场景，使得智能 RPA 软件机器人在企业自动化升级过程中能够发挥越来越重要的作用。

|第 3 章| C H A P T E R 3

AI 技术在 RPA 中的应用

企业在梳理如何实现业务流程自动化的过程中，面临着很多挑战，其中之一便是 RPA 仅能够处理规则明确的、高重复性的流程，这让流程自动化很受限。随着人工智能技术的快速发展，如何将其合理有效地与 RPA 相结合，从而完成更多、更复杂、更智能的业务流程，是现阶段商业应用探索的主要方向，也是本章中我们将要共同探讨的核心问题。

3.1　人工智能定义

人工智能并不是一项新技术，它诞生于 1956 年，已有半个多世纪的发展历程。人工智能技术的发展大致可分为三个阶段。第一阶段（1950—1980），人工智能刚刚诞生，符号主义快速发展，但由于当时很多事物不能得到很好的表达，因此模型存在很大的局限性。此外，随着计算任务的复杂性的不断提高，算法、硬件、算力都成为人工智能进一步发展的阻力。第二阶段（1980—2000），专家系统在这个阶段得到了快速的发展，数学模型也有了重大的突破，但由于专家系统在自学习能力、推理方面还存在严重不足，以及开发成本高昂等原因，人工智能的发展再次陷入瓶颈。第三阶段（21 世纪初至今）随着互联网的兴起、大数据的积累、理论算法的突破、算力的大幅提升，人工智能在很多应用领域都取得了革命性的进展，进入了发展的繁荣时期。

作为现在最前沿的交叉学科，大家对于人工智能的定义有着不同的理解。《人工智能——一种现代方法》一书中将已有的人工智能分为了四类：像人一样思考的系统、像人一样行动的系统、理性思考的系统、理性行动的系统。

维基百科中的定义："人工智能就是机器展现出来的智能，所以只要机器有智能的特征和表现，就应该将其视为人工智能。"百度百科中的定义："人工智能是研究、开发用于模拟、延伸和扩展人的智能的理论、方法、技术和应用系统的一门新的技术科学。"并认为人工智能是计算机科学的一个分支。现阶段，比较热门的研究方向包括机器人、语音识别、图像识别、自然语言处理等几个方面。

我国《人工智能标准化白皮书（2018 年）》中也给出了人工智能的定义："人工智能是利用数字计算机或者由数字计算机控制的机器，模拟、延伸和扩展人类的智能，感知环境、获取知识并使用知识获得最佳结果的理论、方法、技术和应用系统。"

围绕人工智能的各种定义可知，人工智能的核心思想在于构造智能的人工系统。人工智能是一项知识工程，利用机器模仿人类完成一系列的动作。根据是否能够实现理解、思考、推理、解决问题等高级行为，人工智能又可分为强人工智能和弱人工智能。

强人工智能指的是机器能像人类一样思考，有感知和自我意识，能够自发学习知识。机器的思考又可分为类人和非类人两大类：类人表示机器思考与人类思考类似，而非类人则是指机器拥有与人类完全不同的思考和推理方式。强人工智能在哲学上存在着巨大的争论，不仅如此，在技术研究层面也面临着巨大的挑战。目前，强人工智能的发展有限，并且可能在未来几十年内都难以实现。

弱人工智能是指不能像人类一样进行推理思考并解决问题的智能机器。至今为止，人工智能系统都是实现特定功能的系统，而不是像人类智能一样，能够不断地学习新知识，适应新环境。现阶段，理论研究的主流力量仍然集中于弱人工智能方面，并取得了一定的成绩，对于某些特定领域，如机器翻译、图片识别等，专用系统已接近于人类的水平。

3.2　人工智能关键技术

3.2.1　关键技术概览

商业社会对流程自动化的功能的期望将与日俱增，将机器学习等 AI 技术运用到 RPA 中，将人工智能功能集成到产品套件中，以提供更多类型的自动化功能，已经成为未来 RPA 发展的主流趋势。然而，IPA 究竟会朝着什么方向发展？IPA 又需要哪些核心技术的支持？

在未来，IPA 的应用主要会体现如下几大核心技术特点。

1. 机器人流程自动化（Robotic Process Automation，RPA）

机器人流程自动化是一种软件自动化工具，用于自动完成具有规则性的、重复性的枯燥流程。它基于事先梳理好的流程和规则编写，并以此执行相应操作，其本身并不具备自我认知能力或学习能力。换句话说就是，RPA 是基础，需要与其他技术手段整合在一起，方能实现 IPA 及其优势。

2. 光学字符识别（Optical Character Recognition，OCR）

OCR 技术是指利用电子设备（例如扫描仪或数码相机）将纸质文档中的文字转换成为黑白点阵的图像文件，并通过识别软件将图像中的文字转换成文本格式，供文字处理软件进一步编辑加工的技术。通俗地说就是，对文本资料进行扫描，然后对图像文件进行分析处理，以获取文字及版面信息的技术。

3. 机器学习 / 大数据分析

机器学习 / 大数据分析是一种用于设计复杂模型和算法并以此实现预测功能的方法，即计算机有能力去学习，而不是依靠预先编写的代码。它能够基于对现有结构化数据的观察，自行识别结构化数据中的模型，并以此来输出对未来结果的预测。

机器学习是一种通过"监督"和"无监督"学习来识别结构化数据中的模式（例如日常性能数据）的算法。监督算法是指在根据自己的输入做出预测之前，会从输入和输出的结构化数据集来进行学习。无监督算法是指观察结构化数据，并对已识别的模式提供相关见解。机器学习和高级分析可能会改变保险公司的游戏规则，例如，在提高合规性、降低成本结构，以及从新的见解中获得竞争优势。高级分析已经在领先的人力资源部门中得到了广泛应用，主要用于确定和评估领导者和管理者的核心品质，以便更好地预测行为、规划职业发展道路和下一任领导岗位归属。

4. 自然语言生成（Natural Language Generation，NLG）

计算机具有与人一样的表达能力和写作能力，它遵循某种规则，将从数据中观察到的信息转换成高质量的自然语言文本。例如，自动识别会议邮件中的主题、数字地名、人名地址并生成行程表备忘录，或者识别出合同条款的关键内容并将摘要的重点生成列表。

5. 智能工作流（Smart Workflow）

智能工作流是一种用于流程管理的软件工具，其中集成了由人和机器共同执行的工作，允许用户实时启动和跟踪端到端流程的状态，以便于管理不同组之间的切换，包括机器人与人类用户之间的切换，同时还能提供瓶颈阶段的统计数据。

6. 认知智能体（Cognitive Agent）

认知智能体是一种结合了机器学习和自然语言生成的技术，并在此基础上加入情感检测功能以做出判断和分析，使其能够执行任务，交流沟通，从数据集中学习，甚至根据情感检测结果作出决策。换句话说，机器会像人一样产生"情感共鸣、精神共振"，真正成为一个完全虚拟的劳动力（或者智能体）。在客服领域，英国某汽车保险公司通过使用认知智能体技术，将客户转化率提高了 22%，验证错误率降低了 40%，整体投资回报率达到了 330%。

当然，德勤、安永等咨询公司也坦然表示，就现阶段许多企业的流程管理与系统的基础能力来看，仍存在着大量的基础建设工作有待开展。而打造智能流程自动化所需的部分核心技术（例如认知智能体等）也还停留在雏形阶段。

3.2.2 光学字符识别技术

OCR 技术一般可分为如图 3-1 所示的 5 个阶段。

图 3-1　OCR 技术的 5 个阶段

下面具体说明 OCR 的识别流程。

1. 图像处理

针对图像的成像问题进行修正。常见的图像预处理过程包括：几何变换（透视、扭曲、旋转等）、畸变校正、去除模糊、图像增强和光线校正、二值化处理等。

2. 文字检测

检测文本所在位置、范围及其布局，通常还包括版面分析和文字行检测等。文字检测解决的主要问题是哪里有文字，文字的范围有多大。

文字检测采用的处理算法一般包括：Faster-RCNN、Mask-RCNN、FPN、PANet、Unet、IoUNet、YOLO、SSD。

3. 文字识别

在文本检测的基础上，对文本内容进行识别，将图像中的文本信息转化为计算机可识别和处理的文本信息。文字识别主要解决的问题是每个文字是什么。

文字识别常采用的处理算法包括：CRNN、Attention OCR、RNNLM、BERT。

4. 文本抽取

从文字识别结果中抽取出需要的字段或要素。

文本抽取常采用的处理算法包括：CRF、HMM、HAN、DPCNN、BiLSTM+CRF、BERT+CRF、Regex。

5. 输出

输出最终的文字识别结果或者文本抽取结果。

3.2.3　自然语言处理技术

1. 自然语言处理技术的概念

自然语言处理（Natural Language Processing，NLP）技术是与自然语言的计算机处理有关的所有技术的统称，其目的是使计算机能够理解和接受人类用自然语言输入的指令，完成从一种语言到另一种语言的翻译功能。自然语言处理技术的研究,可以丰富计算机知识处理的研究内容,推动人工智能技术的发展。

自然语言处理技术的核心为语义分析。语义分析是一种基于自然语言进行语义信息分析的方法,不仅进行词法分析和句法分析这类语法水平上的分析,而且还涉及单词、词组、句子、段落所包含的意义,目的是用句子的语义结构来表示语言的结构。语义分析技术具体包括如下几点。

(1)词法分析

词法分析包括词形分析和词汇分析两个方面。一般来讲,词形分析主要表现在对单词的前缀、后缀等进行分析,而词汇分析则表现在对整个词汇系统的控制,从而能够较准确地分析用户输入信息的特征,最终准确地完成搜索过程。

(2)句法分析

句法分析是对用户输入的自然语言进行词汇短语的分析,目的是识别句子的句法结构,以实现自动句法分析的过程。

(3)语用分析

语用分析相对于语义分析又增加了对上下文、语言背景、语境等的分析,即从文章的结构中提取出意象、人际关系等附加信息,是一种更高级的语言学分析。它将语句中的内容与现实生活中的细节关联在一起,从而形成动态的表意结构。

(4)语境分析

语境分析主要是指对原查询语篇之外的大量"空隙"进行分析,以便更准确地解释所要查询语言的技术。这些"空隙"包括一般的知识、特定领域的知识以及查询用户的需求等。

（5）自然语言生成

AI 驱动的引擎能够根据收集的数据生成描述，通过遵循将数据中的结果转换为散文的规则，在人与技术之间创建无缝交互的软件引擎。结构化性能数据可以通过管道传输到自然语言引擎中，以自动编写内部和外部的管理报告。

自然语言生成接收结构化表示的语义，以输出符合语法的、流畅的、与输入语义一致的自然语言文本。早期大多采用管道模型研究自然语言生成，管道模型根据不同的阶段将研究过程分解为如下三个子任务。

❑ 内容选择：决定要表达哪些内容。

❑ 句子规划：决定篇章及句子的结构，进行句子的融合、指代表述等。

❑ 表层实现：决定选择什么样的词汇来实现一个句子的表达。

早期基于规则的自然语言生成技术，在每个子任务上均采用了不同的语言学规则或领域知识，实现了从输入语义到输出文本的转换。鉴于基于规则的自然语言生成系统存在的不足之处，近几年来，学者们开始了基于数据驱动的自然语言生成技术的研究，从浅层的统计机器学习模型，到深层的神经网络模型，对语言生成过程中每个子任务的建模，以及多个子任务的联合建模，开展了相关的研究，目前主流的自然语言生成技术主要有基于数据驱动的自然语言生成技术和基于深度神经网络的自然语言生成技术。

2. 自然语言处理应用

自然语言处理应用的技术体系主要包括字词级别的自然语言处理，句法级别的自然语言处理和篇章级别的自然语言处理；其中，字词级别的分析主要包括中文分词、命名实体识别、词性标注、同义词分词、字词向量等；句法级别的分析主要包括依存文法分析、词位置分析、语义归一化、文本纠错等；篇章级别的分析主要包括标签提取、文档相似度分析、主题模型分析、文档分类和聚类等。

（1）中文分词

中文分词是计算机根据语义模型，自动将汉字序列切分为符合人类语义理解的词汇。分词就是将连续的字序列按照一定的规范重新组合成词序列的过程。在英文的行文中，单词之间是以空格作为自然分界符的，而中文只是字、句和段能够通过明显的分界符来进行简单的划界，唯独词没有一个形式上的分界符，虽然英文也同样存在短语的划分问题，不过在词这一层面上，中文比英文要复杂得多、困难得多。

（2）命名实体识别

命名实体识别又称作"专名识别"（NER），是指对具有特定意义的实体进行自动识别的技术，是信息提取、知识图谱、问答系统、句法分析、搜索引擎、机器翻译等应用的重要基础。

（3）词性标注

词性标注（Part-of-Speech tagging 或 POS tagging）又称词类标注，是指为分词结果中的每个单词标注一个正确的词性的程序。具体来说就是，确定每个词是名词、动词、形容词或者是其他词性的过程（如图 3-2 所示）。在汉语中，词性标注比较简单，因为汉语词汇词性多变的情况比较少见，大多数词语只有一个词性，或者出现频次最高的词性远远高于第二位的词性。常用的方法有：基于最大熵的词性标注、基于统计的最大概率输出词性、基于隐马尔可夫模型（HMM）的词性标注。

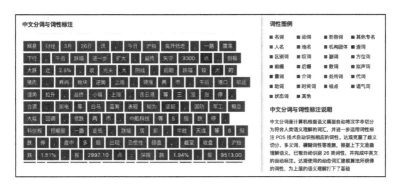

图 3-2　词性标注

（4）同义词分析

由于不同地区的文化差异，输入的查询文字很可能会出现描述不一致的问题。此时，业务系统需要对用户的输入做同义词、纠错、归一化处理。同义词挖掘是一项基础工作，同义词算法包括词典、百科词条、元搜索数据、上下文相关性挖掘，等等。

（5）词向量分析

词向量技术是指将词转化为稠密向量，相似的词对应的词向量也相近。在自然语言处理应用中，词向量作为深度学习模型的特征进行输入。因此，最终模型的效果在很大程度上取决于词向量的效果。一般来说，字词表示有两种方式：one-hot 及分布式表示。one-hot 是指向量中只有一个维度的值为 1，其余维度为 0，这个维度代表了当前词。分布式表示（word embedding）指的是将词转化为一种分布式表示，又称词向量，分布式表示将词表示成一个定长的稠密向量。

词向量的生成可分为两种方法：基于统计方法（例如，共现矩阵、奇异值分解（SVD）和基于语言模型（例如，word2vec 中使用的 CBOW、Skip-gram 等）。

（6）依存文法分析

依存文法通过分析语言单位内成分之前的依存关系解释其句法结构，主张句子中的核心谓语动词是支配其他成分的中心成分。而它本身却不会受到其他任何成分的支配，所有受支配的成分都以某种关系从属于支配者，如图 3-3 所示。

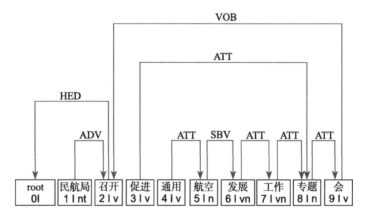

图 3-3 依存文法分析距离

从分析结果中我们可以看到，句子的核心谓语动词为"召开"，主语是"民航局"，"召开"的宾语是"会"，"会"的修饰语是"通用航空发展工作专题"。有了上面的句法分析结果，我们就可以比较容易地看到，是"民航局""召开"了会议，而不是"促进"了会议，即使"促进"距离"会"更近。

（7）词位置分析

文章中不同位置的词对文章语义的贡献度也不同。文章首尾出现的词成为主题词、关键词的概率要大于出现在正文中的词。对文章中的词的位置进行建模，赋予不同位置不同的权重，从而能够更好地对文章进行向量化表示。

（8）语义归一化

语义归一化通常是指从文章中识别出具有相同意思的词或短语，其主要的任务是共指消解。共指消解是自然语言处理中的核心问题，在机器翻译、信息抽取以及问答等领域都有着非常重要的作用。就拿常见的信息抽取的一个成型系统来讲，微软的学术搜索引擎会存有一些作者的档案资料，这些信息可能有一部分就是根据共指对象抽取出来的。比如，在一个教授的访谈录中，教授的名字可能只会出现一两次，更多的可能是"我""某某博士""某某教授"或"他"之类的代称，不出意外的话，这其中也会有一些同样的词代表记者，如何将这些词对应到正确的人，将会成为信息抽取的关键所在。

（9）文本纠错

文本纠错任务指的是，对于自然语言在使用过程中出现的错误进行自动地识别和纠正。文本纠错任务主要包含两个子任务，分别为错误识别和错误修正。错误识别的任务是指出错误出现的句子的位置，错误修正是指在识别的基础上自动进行更正。相比于英文纠错来说，中文纠错的主要困难在于中文的语言特性：中文的词边界以及中文庞大的字符集。由于中文的语言特性，两种语言的错误类型也是不同的。英文的修改操作包括插入、删除、替换和移动（移动是指两个字母交换顺序等），而对于中文来说，因为每一个中文汉字都可独立成词，因此插入、删除和移动的错误都只是作为语法错误。由于大部分的用户均为母语用户，且输入法一般会给出正确提示，语法错误的情况一般比较少，因此，中文输入纠错主要集中在替换错误上。

（10）标签提取

文档的标签通常是几个词语或者短语，并以此作为对该文档主要内容的提要。标签是人们快速了解文档内容、把握主题的重要方式，在科技论文、信息存储、新闻报道中具有极其广泛的应用。文档的标签通常具有可读性、相关性、覆盖度等特点。可读性指的是其本身作为一个词语或者短语就应该是有意义的；相关性指的是标签必须与文档的主题、内容紧密相关；覆盖度指的是文档的标签能较好地覆盖文档的内容，而不能只集中在某一句话中。

（11）文本相似度

文本相似度在不同领域受到了广泛的讨论，然而由于应用场景的不同，其内涵也会有差异，因此没有统一的定义。从信息论的角度来看，相似度与文本之间的共性和差异度有关，共性越大、差异度越小，则相似度越高；共性越小、差异度越大，则相似度越低；相似度最大的情况是文本完全相同。相似度计算一般是指计算事物的特征之间的距离，如果距离小，那么相似度就大；如果距离大，那么相似度就小。

相似度计算的方法可以分为四大类：基于字符串的方法、基于语料库的方法、基于知识的方法和其他方法。基于字符串的方法是指从字符串的匹配度出发，以字符串共现和重复程度为相似度的衡量标准；基于语料库的方法是指利用从语料库中获取的信息计算文本的相似度；基于知识的方法是指利用具有规范组织体系的知识库计算文本的相似度。

（12）主题模型

主题分析模型（Topic Model）是以非监督学习的方式对文档的隐含语义结构进行统计和聚类，以用于挖掘文本中所蕴含的语义结构的技术。隐含狄利克雷分布（Latent Dirichlet Allocation，LDA）是常用的主题模型计算方法。

（13）文本分类

按照特定行业的文档分类体系，计算机自动阅读文档的内容并将其归属到相应类目的技术体系下。其典型的处理过程可分为训练和运转两种。即计算机预先阅读各个类目的文档并提取特征，完成有监督的学习训练，在运转阶段识别新文档的内容并完成归类。

（14）文本聚类

文本聚类主要是依据著名的聚类假设：同类的文档相似度较大，而不同类的文档相似度较小。作为一种无监督的机器学习方法，聚类由于不需要训练过程，以及不需要预先对文档的类别进行手工标注，因此具有一定的灵活性和较高的自动化处理能力。文本聚类已经成为对文本信息进行有效地组织、摘要和导航的重要手段。文本聚类的方法主要有基于划分的聚类算法、基于层次的聚类算法和基于密度的聚类算法。

3.2.4 认知智能体

智能包含三个方面，分别是计算智能、感知智能和认知智能。在计算智能方面，计算机的速度早已远远超过人工的效率。在感知智能方面，随着 OCR、NLP 等技术的发展，目前也已经能够实现很多的效果。但是在认知智能方面，即使在某些特定领域，自然语言的处理也已经可以得到比人工更好的成绩，但是在某些领域，特别是知识理解、知识推理、知识判断等方面，还有很多需要逐步积累、逐步完善的地方。

按照机器能否产生自我认知和机器人的适用范围，人工智能分为弱人工智能和强人工智能，其中弱人工智能里的机器没有自我意识，不具备真正的推理和独立解决问题的能力，通常只适用于解决特定条件下的某种问题。当前人工智能的研究主要在弱人工智能领域。而在强人工智能方面，机器具有一定的自我意识，能够通过学习拓展功能。对于当前不具备的功能或者当前不了解的知识，能通过自行学习获得。当前条件下，全面的强人工智能还面临技术能力、社会伦理等多方面的挑战，但是在某些领域的特定场景下，具备认知智能能力和学习能力的人工智能软件，不仅能够优化作业流程、快速响应、覆盖更多不同的情况，同时还能够最大限度地避免技术风险和应用风险，是一个非常有价值的研究方向。

认知智能有很多种定义，其中，复旦大学肖仰华教授曾经提到过，所谓让机器具备认知智能是指让机器能够像人一样思考，而这种思考能力具体体现在如下几个方面。

❑ 第一，机器具备能够理解数据、理解语言进而理解现实世界的能力。

□ 第二，机器具备能够解释数据、解释过程进而解释现象的能力。

□ 第三，机器具备推理、规划等一系列人类所独有的认知能力，也就是说认知智能需要解决推理、规划、联想、创作等一系列复杂任务。

智能体是指驻留在某一环境下，能够持续自主地发挥作用，具备驻留性、反应性、社会性、主动性特征的计算实体。根据著名人工智能学者，美国斯坦福大学 Hayes-Roth 教授的理论"智能体能够持续执行三项功能：感知环境中的动态条件、执行动作影响环境、进行推理以解释感知信息、求解问题和决定动作"。

从前面的定义我们可以看出，认知智能体能够感知到环境中的动态条件，然后根据这些条件执行相应的动作来影响现有的环境，同时其还能够用推理来解释感知信息，求解相关问题，决定后续动作。将认知智能体与 RPA 相结合，我们能够得到一个具备认知智能的机器人，它可以根据所涉及的应用系统和其他环境的变化动态感知下一步需要做的事情，同时执行相应的动作来影响对应的环境信息，实现智能录入、智能监控、智能文档处理和辅助判定。与此同时，认知智能体通过 RPA 技术在处理业务的同时，还能够学习到相关的经验和知识，逐步掌握识别重点的能力。

认知智能体的研究包含了多种不同的方法，近年来，随着分布式人工智能、信息科学和网络科学的不断发展，面向动态环境下的分布式协同决策已经成为认知智能体的一个重要的研究方式。这种方式在以多无人机系统、多机器人系统为代表的典型无中心式多智能体系统中得到了广泛的应用。与此同时，受限于自身设计，智能体对所在环境和系统常呈现出信息的部分可观测特征，而有限的智能体之间的交互和外部的约束也使得获得全局信息需要付出极高的代价。同时，无中心式的多智能体系统在应用中呈现出了与社会网络相类似的自组结构和相应的复杂网络特征，即网络中单个智能体通常仅能连接 / 交互所在局部网络中的小部分智能体，传统的集中式协同模型则不再适用。此外，类似于社会网络中人与人之间的有限信息交换便可大大提升个体的决策效率，同样的方法能否应用到相应的研究当中，也处于不断的尝试过程中。

3.2.5　智能工作流

随着社会和科技的不断进步，各个领域都开始逐步朝着自动化、智能化的方向快速发展。工作流相关技术的研究也越来越受重视，并广泛地应用于制造业、软件开发、银行金融、生物医学等不同领域。工作流不但能够自动化地处理相关的活动和任务，减少人机交互处理过程中带来的潜在错误，而且能够精确化每一个处理步骤，最大化地提高生成效率，并且将工作流应用到动态、可变且灵活的应用场景当中。

近年来，在大数据、人工智能的背景下，工作流中的业务流程日趋复杂，所面临的环境和数据也日趋复杂，由需求分析引起的业务过程重新建模或由维护升级引起的过程模式变更和改进也变得越来越频繁。在这种动态多变的复杂环境下，如何快速识别出任务，然后快速高效并有针对性地处理工作流问题，已成为目前工作流任务研究的关键问题。

RPA 软件机器人在工作过程中，也会遇到很多类似的情况。工作流的复杂多变，会导致 RPA 作业流程的复杂多变，使其无法做到自适应，这将会大大影响 RPA 软件机器人的作业效率。因此，需要通过智能工作流的技术，实现动态地调整 RPA 里的任务设定，以及 RPA 业务流程的自动变更和自动升级，在智能工作流的指导下实现自适应作业模式。

实现智能工作流的方法有很多，比如，美国 J.H.Holland 教授提出的基于遗传算法的工作流调度，Pandey S 等提出的基于粒子群优化算法的启发式算法（PSO）可用于不同资源的智能调度。除此之外，还有很多基于自然界和仿生学的智能算法，比如，混合蛙跳算法、布谷鸟搜索算法、蝙蝠算法、人工蜂群算法等。

目前比较常见的方法是实现一种基于智能规划的工作流处理模式，该模式不再是单纯地将不同的活动当作对彼此没有影响的单独事件，而是有针对性地考虑多个事件的共同影响。该模式充分考虑了工作流和智能规划之间的相似之处，通过智能规划推导出不同工作流任务之间的内在逻辑关系，并从其他的渠道和外部信息中充分挖掘潜在的关系。逐步改进传统工作流中的问题，使用全新的智能规划的手段，从表面动作中挖掘出潜在的信息，过滤噪声数据，进而实现流程的自动修正，最后，通过前面得出的结论，有针对性地修改之前的 RPA 作业流程，实现自适应性的作业模式和作业过程。

3.3　RPA 与人工智能的关系

谈起 RPA 和 AI，大家都很关注的一个问题是：RPA 和 AI

是一样的吗？它们之间的区别和联系是什么？

随着人工智能技术的快速发展，各类术语和概念层出不穷，对于非技术人员而言，非常容易造成混淆。本节就为大家介绍一下 RPA 和 AI 之间的关系，从本质上说，这两者并不相同，但却存在相关性。

3.3.1　RPA 和 AI 的区别和联系

RPA 的主旨是解放劳动力，让员工从单调重复、枯燥乏味的操作型工作中得到解放。它可以完美地处理需要重复的工作，但这仅限于按照预先设定好的业务规则和逻辑去完成相应的动作，包括鼠标点击、键盘录入等。也就是说，我们需要 RPA 做什么，它就会做什么。

RPA 要想落地，就要理解它所解决的根本问题是什么。答案是：效率问题。理论上，只要是规则统一、附加值低、重复性高的工作，都可以使用 RPA 来解决。可是，在我们的日常工作场景当中，很多业务场景并不单单是由这种简单的步骤组合而成的，而是夹杂着很多需要人工处理的步骤。RPA 并不会像人工智能中的深度学习网络那样，不断地自我学习和进步。举个简单的例子，如果自动化流程中的某一个步骤发生了变化，比如，字段的位置突然移动了，又比如，突然出现了一个没有碰到过的弹窗，这时候，RPA 是无法自行解决当前问题的，流程就不能再继续进行下去了。

不仅如此，RPA 还无法解决图像识别与转换的问题，而且很多财务场景都涉及从各类单据、票据中识别和提取相关的业务数据，以供后续运营系统时使用，如图 3-4 所示。

OCR 实现图像识别

- 图片验证码识别
- 证件识别
- 纸质文档识别

图 3-4　传统 RPA 无法解决图像识别与转换的问题

又例如，RPA 无法解决非结构化文本抽取的问题（如图 3-5 所示），而在日常的办公场景中，接触最多的便是各种类型的文本和文档，如财务报告、合同、PDF 文件、邮件，等等。

因此，很多人认为，RPA 并不是真正的 AI。尽管如此，随着 RPA 的不断成长和进化，它与 AI 之间的联系正变得越来越紧密。

现在有一个很流行的说法是，AI 就好比是人类的大脑，能够模仿人类做出判断和总结等思考行为，而 RPA 则是我们的双手，听从于大脑的命令并完成指令。这两种技术的紧密结合，相当于是在基于规则的自动化基础（RPA）之上，增加了基于深度学习和认知技术的推理、判断和决策能力，实现了真正的智能流程自动化，就像传统的"白领"知识型员工和"蓝领"服务型员工相互配合一样，两者的结合将会成为新型的推动组织生产力的引擎。

图 3-5　传统 RPA 无法解决非结构化文本抽取的问题

3.3.2　人工智能扩展 RPA 能力边界

认识到了 RPA 的局限性，越来越多的人开始意识到，将 RPA 和 AI 这两种技术配合使用，能够发挥出越来越重要的作用。

那么，到底是什么大幅度推动了 RPA 的进步呢？这一切都要归功于蓬勃发展的人工智能技术——深度学习网络。近年来，由于 AI 的高速发展，传统 RPA 正在与 AI 和其他数字自动化工具（如光学字符识别、聊天机器人、人机结合处理等）相结合，以帮助突破流程中的各种局限。这也创造了在任何流程之间实现端到端流程改造的可能性。从简单的自动化作业到专注于提高生产力和削减成本，RPA 的重点将转向智能自动化和富有洞察力的决策，这些都将真正加强用户的体验。

这里很自然地就引出了智能自动化（Intelligent Process Automation，IPA）的概念（如图 3-6 所示）。智能自动化是多种工具的智能应用，其不仅涉及 RPA，还有数字化和 AI 使能器、人机结合和"大 AI"概念。"大 AI"是指 AI 或高级分析（主要用于决策、建议、下一步最佳操作、交叉销售、客户流失等情况）。智能自动化还意味着寻找自动化的替代方案，并基于各种不同的潜在收益（不仅仅是成本方面的收益）来确定对错。

图 3-6　智能自动化

RPA 掀起了机器人技术推动业务变革的第一波浪潮，而数字化则使机器、AI 和人机结合处理成为了引领业务变革的下一波浪潮。然而，目前 AI 仍然处于应用的初级阶段。据调查，现阶段仅有约 5% 的公司自认为可以熟练地运用 AI，15% 的公司自认为可以熟练地运用 RPA。技术应用初期难免会面临风险加大、成本增加，以及技能匮乏等问题，但潜在回报仍颇具吸引力。AI 可对智能自动化的交付以及未来端到端流程改造的发展做出重大贡献。取得最佳成功的关键在于确定 RPA、数字化、AI 使能器以及"大 AI"之间的适当结合与选择，以平衡成本、风险和回报。

智能自动化为人类提供了先进的智能技术和敏捷流程，从而可以更快、更智能地进行决策。IPA 在业务中的主要优势包括：提高流程效率、改善客户体验、优化后台运营、降低成本和风险、优化劳动力和生产力、更有效的监控和欺诈检测、产品和服务创新，借助于这些优势，IPA 可以更好地推动企业范围内的数字化转型。IPA 需要通过更高的效率、更好的客户体验管理以及增强的产品和服务功能来区分业务与竞争对手。IPA 可以帮助领导者充分利用数十年来对众多复杂系统的投资，创建深入的见解，同时做出许多复杂的决策，帮助领导者做出更好的决策，同时转变内部管理流程。IPA 的最终目标是提高工作的效率和准确性，提高客户的满意度，以及优化工作流程，使组织投资于自动化和操作工具。

任何有效的 IPA 倡议都必须建立在如下基础之上：明确理解业务总体战略，明确下一代运营模式在帮助实现这一总体战略中的作用。这就需要清楚地阐明目标的最终状态和到达它的过程。这种清晰度使业务领导者能够评估并协调所实施的方法和能力，以推动运营模式。在大多数情况下，IPA 在推动变革方面具有重要的作用甚至还会起到主导作用，但其最大的价值在于让公司了解如何与运营模式中的其他技能和方法协同工作。自动化即将到来，现在是时候定义可能的技术并在最有意义的地方战略性地应用它了。

3.4 OCR 在 RPA 中的应用

前文已经介绍过 OCR 的基本概念，在现阶段的商业实践中，OCR 多用于识别格式固定的卡证、票据，如身份证、驾驶证、营业执照、增值税发票等。此类文件多用于企业财务部门，由于在后文的财务流程的章节中会进行更详细、更完整的流程介绍，所以此处仅列举两个比较典型的 OCR+RPA 的应用场景。如需了解更多相关内容，可直接阅读第 6 章。

3.4.1 费用报销流程机器人

1. 应用背景

随着金税三期工程的深入、企业涉税风险的增加，以及内部管理要求的逐步提升，仅依靠传统的人力审核是难以在有限的时间内进行全面管控的。

对于大型集团公司而言，一方面公司每年都要处理大量的各类发票，更要将大量的时间花费在反复沟通、财务核算等事宜上。一线报销人员也期望能够简化报销流程，缩减审核时间，提升报销体验。

2. 费用报销流程自动化

如图 3-7 所示的是优化前的费用报销流程自动化。

优化前

图 3-7　费用报销流程自动化（优化前）

费用报销场景将会涉及多种原始凭证种类，人眼识别和信息手动录入比较耗时且容易出错；发票验真，发票信息合规性、合理性辨别困难。对于财务人员来说，月末、年底等关键性时间节点，报销数量会大大激增，但关账的及时性要求仍然很高。

如图 3-8 所示，借助于 OCR 技术，流程实现了对各类原始凭证数据的自动收集，为自动化处理打下了坚实的基础。机器人财务引擎内预置了大量通用的财务审核流程，并能够根据企业的个性化需求进行定制开发，从而实现各类费用场景的自动化审核。

优化后

图 3-8　费用报销流程自动化（优化后）

3. 费用报销流程自动化收益

（1）大幅提高审核的准确性，杜绝工作失误

❑ 税收合规性：假票、错票、套票一览无遗。

❑ 内控合规性：各项费用控制制度全覆盖，不留管控死角。

❑ 化整为零、电子发票重复报销、敏感字段等困扰均得到解决。

（2）大幅提高工作效率

❑ 提高财务审核、账务处理效率。

❑ 降低反复沟通成本。

❑ 减少内审工作。

（3）降低管理成本

❑ 明显降低审核人员数量。

❑ 优化人力结构。

（4）挖掘数据价值

❑ 获得大量的结构化数据，支持生成费用大数据，挖掘数据关联关系。

❑ 完善各类审核规则，指导业务发展，促进财务转型。

（5）便于纳税抵扣

❑ 可按照票类、税率等信息生成各类统计表，以便于纳税申报。

3.4.2　三单匹配机器人

三单匹配是财务部最烦琐、低效且需要重复劳动的日常工作。用户一般需要在多个系统界面中来回切换和查验数据，流程环节多、数据量大、工作烦琐，因此效率低下。三单匹配机器人可以完成如下环节的自动运行。

1）发票的 OCR 处理：通过自研的 OCR 工具实现对发票号码、开票方、明细清单、备注、税率等关键信息的准确识别。

2）国税总局发票批量验真。

3）与 ERP 系统中的采购订单、收货单、采购合同、供应商信息进行匹配核对。

4）若匹配成功则制作凭证，若匹配失败则邮件通知相关人员进行线下复核。

5）批量认证匹配成功的发票。

由于以往经常会出现开票方没有严格按照要求进行开票、企业内没有统一主数据管理等原因而导致原始数据质量差的问题，需要大量财务人员不断进行业务积累，并持续与供应商、采购部门、仓储部门沟通复核，这就导致三单匹配的自动化很难实现。

下面以图 3-9 中的物料型号名称为例，"Nova"在不同的环节中被填写成了不同的表达形式，大小写不一致、符号（空格、破折号）不统一，甚至还有写成相应中文的。而在进行三单匹配时，需要标准化唯一标识。如果采用传统字典穷举各种表达形式的解决方案，那么面对成千上万种供应链物料时，其维护工作量可想而知。通过 NLP 模块，可对填写内容进行语义分析，进而判断阐述的内容是否相同，从而使机器人能够快速适应各种异常情况。

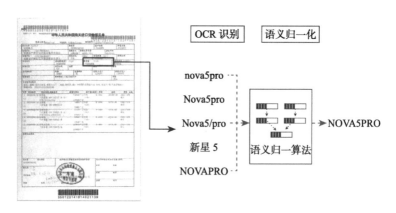

图 3-9　语义归一示例

3.5　NLP 在 RPA 中的应用

RPA 与 NLP 结合的业务场景还处在探索阶段，我们希望本节的实例能够起到抛砖引玉的作用，也希望在日后的实践当中能够发现更多的自动化场景。

3.5.1　供应商 / 客户准入管理流程机器人

1. 应用背景

在企业的供应商 / 客户管理流程中，往往需要对方向公司提供很多相关的材料，包括但不限于企业营业执照、组织机构代码、税务登记证、财务报表、产品检测报告等，管理系统基于这些信息以及公司设定的预制公式和审核规则来进行判断：供应商是否有提供相应服务的资质，或者我们能为客户提供多少信用额度，以便决定对其服务的价格等。

从收集各报告中的关键信息，到跨系统查询工商信息等工作，这个过程需要耗费大量的专业人力，并且难以及时得到更新。此类问题在制造、零售、服务和快消等行业十分普遍。

2. 供应商 / 客户准入管理流程自动化

如图 3-10 所示，在整个自动化流程中，传统型 RPA 能够很好地完成跨系统查询的工作，查询的信息包括企业信息、法人是否失信、是否受过行政处罚等。

但对于需要抽取财务报告或其他检测报告中的关键指标数据的情况，一般会面临以下问题。

❑ 各家企业报告的格式不尽相同，利用传统技术根本无法有效识别和提取非固定模板的内容。

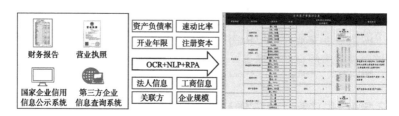

图 3-10　客户准入机器人流程自动化

- 科目体系、科目名称、语义表达千差万别，需要强大的中文及财务理解能力。
- 关键信息会随机散落到报告中的文本段落、主表、附表等不同的位置，除此之外，通常还需要区分信息是单体公司的还是集团合并的数据。
- 难以实现对无边框表格的识别与数据抽取。
- 对财务报告内的数据无法实现智能校验，例如，表内纠错、上下文、表内表外内容一致性核对等。

自然语言处理能够快速实现对各类报告的信息解析，以做到准确理解、关键信息抽取和智能审核。RPA 系统的智能机器人，根据经过 NLP 处理的各类信息，按照预定的规则自动填写文档，生成企业资质评分表，并发送邮件通知相关业务人员进行二次复核（如图 3-11 所示）。

3. 供应商管理流程自动化收益

企业准入流程可实现完全自动化，以有效避免一线员工大量烦琐的数据收集工作，降低由于人工操作疏忽而导致的错误；同时机器人快速高效的工作，使得客户评分环节能够及时参考更多、更新的信息，从而控制由于信息不对称所导致的评分不准确的风险。

图 3-11　自动填写文档

　　NLP 技术的引入，解决了传统 RPA 流程中只能进行人工操作而不能实现自动化的关键问题，整体工作流程耗时从原来的数小时缩减至十几分钟，在大幅减轻员工工作量的同时，为客户的准入评分增加了更多的管理维度，使得整个管理过程更加科学、客观、严谨。

3.5.2 招聘机器人

1. 应用背景

企业都配备有专门的招聘人员，需要根据每年的招聘名额及岗位要求展开新员工招聘工作。大中型企业内部岗位数量多，招聘需求量大，面对大量的招聘需求，HR 需要通过各大招聘网站及渠道查看所收到的简历，进行人员筛选。

初步筛选之后，HR 会将简历逐一发送给企业内部各用人部门，用人部门再次筛选后确定面试名单，并反馈给 HR 部门，接着 HR 通知面试者，进行面试安排。整体流程耗时长，如遇到大型招聘季，HR 的工作压力将会很大。

2. 招聘流程自动化

优化前的招聘流程自动化如图 3-12 所示。

RPA 流程优化前

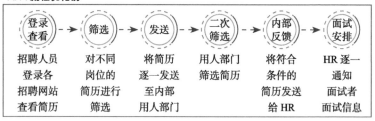

图 3-12　招聘流程自动化（流程优化前）

在引入 RPA 自动化流程之前，招聘人员需要面对如下问题。

❑ 候选人简历量大，平台多，筛选简历的工作量大，需重复登录不同的招聘网站下载及发送简历。

□ 简历内容多，需要打开并查阅每一份简历。

□ 逐一告知每个面试者企业的地址信息，业务发生频繁，大量的时间都花费在此类低附加值的工作上。

用人部门需要面对如下问题。

□ 逐一打开简历并进行筛选，耗时较长。

□ 需要逐一告知 HR 或助理安排优质候选人的面试，工作效率低下。

在引入了 NLP+RPA 的自动化流程之后，招聘流程自动化可完全实现网站自动登录、简历自动筛选、人岗自动匹配等一系列流程（如图 3-13 所示）。

RPA 导入后流程（基于 NLP+RPA 实现流程自动化）

图 3-13　招聘流程自动化（流程优化后）

NLP 的语义分析能力能够让简历搜索更精准（如图 3-14 和图 3-15 所示）。

3. 招聘流程自动化收益

RPA 导入招聘流程后不仅解决了 HR 与企业内部用人单位的痛点，还明显提高了工作的效率，具体表现如下。

□ 将 HR 从烦琐的日常工作中解脱出来，使其从事更多具有更高价值的工作。

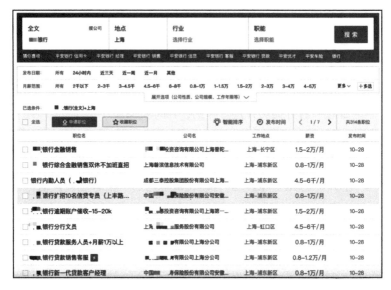

图 3-14 自动筛选

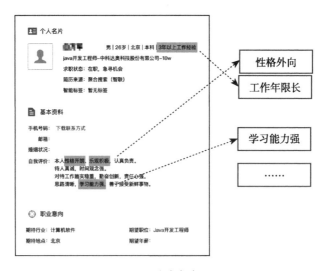

图 3-15 人岗自动匹配

❑ 提高了招聘的效率，缩短了人员招聘的周期。

❑ 消除了人工失误，降低了简历筛选误差率。

❑ 同步减少了各需求部门查阅简历的时间。

3.5.3　文档自动分类机器人

1. 应用背景

在人工智能时代，企业知识将成为比企业数据更为重要的资产，如果说数据是石油，那么知识就是石油的萃取物。如何促进企业知识的高效利用，发挥知识的价值，将是新一代企业知识管理需要解决的核心问题。同时，企业普遍存在三大问题，具体说明如下。

❑ 多：企业文件分布的业务系统多，文件类型多。

❑ 低：在查找时，获取效率低，使用效率低，对于企业的应用价值也低。

❑ 缺：缺乏对知识进行有效的体系管理，缺乏知识和业务的有效关联，缺乏知识推演和创新。

很多大型企业和研究所每年都会定期买入大量的各类研究报告并入库，如果在文档入库的同时，没有进行科学的分类管理，那么在入库之后，用户便不能准确地搜索到相关的文献。

基于以上问题，文档自动分类机器人，可以有效解决在知识采集过程中文档归类的管理问题，为日后的内容检索提供支撑。

2. 文档自动分类流程自动化

在没有自动分类机器人之前，企业业务人员需要手动上传资料，同时阅读资料以选择放入合适的分类文件夹中。如果遇到资料内容过多、数量巨大的情况，那么人工上传及阅读分类的工作量就会很大，这会导致分类不准确，以致后续其他员工很难搜索到相关的资料。

文档机器人采用了 RPA 和 NLP 相结合的方式，RPA 可完成打开页面、上传、找到指定类目的工作。而这里的核心则是如何利用 NLP 技术为新文档打标签、提取关键词，并据此找到最适合的一个甚至几个分类文件夹。

文档的标签通常是几个词或者短语，并以此作为对该文档主要内容的提要。标签是人们快速了解文档内容、把握主题的重要方式，在科技论文、信息存储、新闻报道中具有极其广泛的应用。

标签提取的方法比较多，而且各有各的缺点，我们会根据用户的应用场景、数据、需求来将不同的方法相互结合在一起，以保证文档标签提取的准确性和实用性。

利用以上方法，企业在处理新增的文档资料时，能够快速完成批量上传及合理分类的工作，为知识库的高效使用打下基础。

3.5.4　券商智能审核机器人

1. 应用背景

券商行业的文本和文档数量大，文本处理场景多，例如，篇幅较长的招股说明书、上市公司年报、审计报告等。下面以券商的主营业务债券承销为例，债券承销涉及大量的文件材料，用于报送监管机构和对外公告，其中债券募集说明书的每份文档均在数百页左右，且审核规则复杂，传统的人工审核费时费力，容易出错。采用 NLP+RPA 的智能审核机器人，可以在大幅降低人工成本、提升业务人员效率的情况下，大大降低业务风险，从而使报送更准确、更安全。

2. 文档审核流程自动化

文档审核流程自动化示意图如图 3-16 所示。

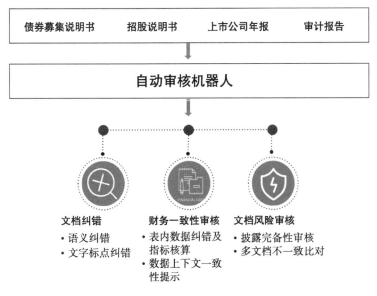

图 3-16　文档审核流程

智能审核机器人通过深度学习建立专门的语言模型，针对债券募集说明书、招股说明书、年报、审计报告等不同类型的文档进行处理，让机器可以识别出多字、漏字、同音字、形近字等常见错误，准确率可达到 90% 以上。同时，利用视觉检测技术可以识别出文件中的各种样式的表格内容，并结合语言模型和关键信息抽取来定位表格中单位缺失、标题不一致、语法错误等各类表格内容错误。

除一些基本错误之外，金融类文档中还存在着大量的财务数据，分布在文字段落和表格当中，智能审核机器人内置的模型可以智能识别财务数据的指代关系，有效验证文件中上下文财务数据的一致性，实现表内纠错、表表纠错以及表文纠错的功能。

3.5.5　智能写作机器人

1. 应用背景

如图 3-17 所示，智能文档写作有着巨大的市场，在很多应用场景中，智能写作机器人可以解决人工写作慢、效率低的痛点。智能写作机器人作为自然语言处理的高阶应用，可分为自动写作和辅助写作两大类。自动写作是指计算机自主完成写作，而不需要人工干预。辅助写作是指在人类的写作过程中，计算机提供协助。

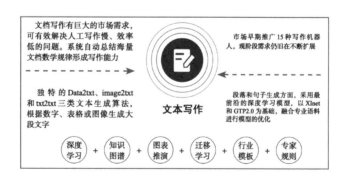

图 3-17　智能写作概览

从技术层面来讲，自动写作还达不到和人一样的创作能力，但智能写作机器人非常擅长完成主要信息的撰写，典型的例子有新闻快讯、体育战报等。

辅助写作作为助手，可协助业务人员起草一些规律性较强的文档，如制式合同、文档摘要缩写、财报生成、信贷报告自动撰写、会议纪要生成等。

2. 债券募集说明书生成流程自动化

债券募集说明书的生成流程如图 3-18 所示。

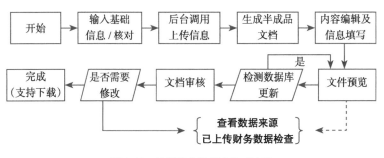

图 3-18　债券募集说明书生成流程

债券募集说明书生成机器人是一个典型的辅助写作机器人。一般来讲，各券商都有企业内部的募集说明书模板，一部分内容需要业务人员根据实际情况撰写，还有一部分内容框架完全一致，仅需要从内部数据库或者审计报告中提取相关的数据和字段进行填写即可。

债券募集说明书生成机器人利用 RPA 的数据获取能力，从相应的数据库和审计报告中，按照指定的规则提取所需的字段和财务数据，再按照规则填入债券募集说明书的模板中。同时，利用 NLP 的自动撰写功能协助业务人员完成报告的初稿，并进行相应的审核，审核规则可参考 3.5.4 节。

在高速发展、风云变幻的市场环境中，企业都面临着更多的挑战，如何利用技术建立高效且低成本的企业运营模式，成为各企业不断探索和追求的目标。本章介绍了现阶段已经应用于商业实践的、能够与 RPA 技术相结合的人工智能技术。

智能流程自动化是未来发展的必然趋势，虽然一些智能自动化系统的成本可能会很高，特别是当专用硬件是系统构成的必需品时，智能软件正变得越来越便宜。智能流程自动化现在已经足够经济实惠，甚至还允许中小型企业以这种或那种形式采用它。但无论公司的业务规模以及希望应用的智能自动化形式如何，都将面临最初的挑战。这些挑战可能包括以下内容：确定如何以及在何处使用智能自动化；智能自动化将产生的积极影响；将新技术集成到现有业务中，以确保其使用性及合规性；"教学"智能自动化系统执行任务时需要了解的内容；根据将要实施的新方法重组员工的培训、工作描述和任务；管理网络安全等风险。

智能流程自动化无疑将成为企业未来运营模式中不可或缺的一部分，并且最终将实现业务流程全自动化，每个企业在到达最终状态的过程中所积累的经验会存在很大的差异。通过应用知识、研究、规划以及适当的尽职调查，企业将确保他们自身选择的是智能流程自动化的最佳途径。在未来，如果 IPA 接管了企业日常的经营管理工作，员工将被完全解放出来，以便更好地专注于提高客户满意度的工作，并从其他的新数据中（偶发、低频、影响大且无法量化分析的数据）思考如何实现业务目标，这将是一幅全新的图景。

RPA 项目的建设和运营

对组织而言，利用 RPA 技术解决烦琐且附加值低的工作流程，已被证实是一个可靠且性价比高的方案。随之而来的是机遇和挑战：组织在引入新的工具时，如何保证引入效果与企业的愿景和目标保持一致？组织在转型期可能会受到哪些潜在因素的影响？衡量 RPA 项目的投入和产出包括哪些维度？如何才能更有效地协调人与机器共同工作……

技术的变化日新月异，但是大型组织的运作往往比技术系统更加复杂。这就是为什么我们常说，数字化转型更多的是管理层的挑战，而不是只有技术方面的难题。本章将从管理层的角度分享 RPA 建设和运营过程中的实际经验，并为大型组织建设自动化卓越中心（CoE）提供指导建议。

4.1 RPA 项目建设指南

因为数字化转型更多的是需要处理来自管理层的挑战，所以我们建议管理层将注意力放在组织是否适合采用 RPA 以及员工是否能适应 RPA 上。这一观念应始终贯穿在 RPA 项目的计划、建设和运营等各个环节中。RPA 不仅是有限时间内的一种投资，而且更应被视为一种能力——能帮助企业具备持久的数字化创新的能力。

4.1.1 RPA 创造的 3 类价值

自 21 世纪初到今天，RPA 技术已经比较成熟，足以实现大规模的流程自动化。特别是在最近几年，RPA 在世界范围内获得了大量主要国际集团和投资机构的信任，其中的一大原因便是需求驱动，例如，成本和效率的优化、寻求系统遗留问题的解决方案、数字化转型的战略考虑等，如图 4-1 所示。RPA 并不是一个万能解，但它是许多企业当前痛点的最优解。任何企业都应从切实解决自身问题的角度进行考量。

1. "成本 + 效率" 优势

在提高效率和降低成本方面，RPA 的吸引力是不言而喻的。按照以往的经验，无论是现场办公还是远程协助，在合适的业务流程中部署 RPA 机器人的成本远低于雇佣人工所花费的成本。与人类相比，机器人不知疲倦、不会停顿，能够极快地处理具有固定规则的重复工作，这使得完成任务的单位成本能够得到显著降低。此外，机器人自动化流程更可控、连贯而且准确，可以避免因为偶发的人为错误而造成的损失。

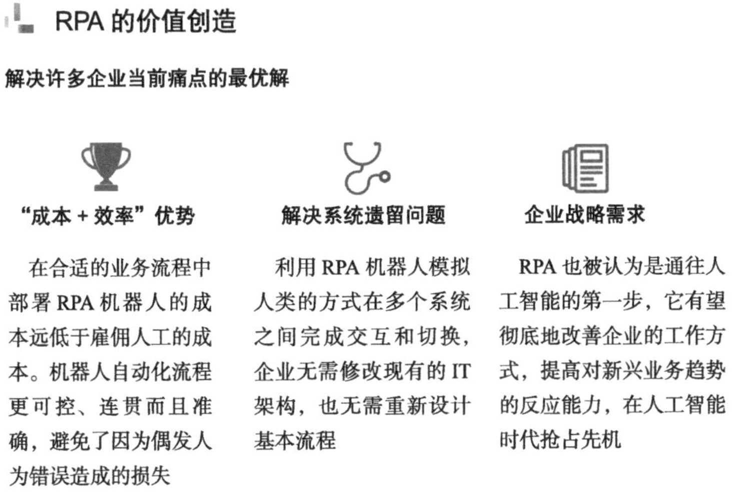

RPA 的价值创造

解决许多企业当前痛点的最优解

| "成本 + 效率" 优势 | 解决系统遗留问题 | 企业战略需求 |

　　在合适的业务流程中部署 RPA 机器人的成本远低于雇佣人工的成本。机器人自动化流程更可控、连贯而且准确，避免了因为偶发人为错误造成的损失

　　利用 RPA 机器人模拟人类的方式在多个系统之间完成交互和切换，企业无需修改现有的 IT 架构，也无需重新设计基本流程

　　RPA 也被认为是通往人工智能的第一步，它有望彻底地改善企业的工作方式，提高对新兴业务趋势的反应能力，在人工智能时代抢占先机

图 4-1　RPA 的价值创造

　　RPA 通常在短时间内即可完成部署并投入使用（一般是数周），它的执行成本较低，部署时间较短。因此企业可以快速评估业务流程的优化效果，快速获得投资回报。

2. 解决系统遗留问题

　　组织运作的时间越长，内部 IT 系统就会越多。一个广泛的痛点是很多企业和政府机构的关键业务是由一些老旧系统支撑的，随着时间的推移和业务的革新，使用这些系统进行日常工作正变得越来越低效且费力。

　　管理人员可能会考虑推翻旧系统，但同时他们还需要面临一些更令人头痛的问题：现在的技术人员难以解读系统中运用的旧技术；制订流程的人员和文档找不到了，系统之间互相耦合、错综复杂、改造难度高、投入大、时间长；旧的系统支撑着关键业务，无法忍受长时间的研发周期。

利用 RPA 机器人模拟人类员工的方式可以在多个系统之间完成交互和切换，企业无须修改现有的 IT 架构，也无须重新设计基本流程，所采用的方法类似于在现有 IT 工具上打个补丁。更关键的是其开发周期非常短，成本相对较低，能在不用改变现有系统的基础上解决问题。

3. 企业战略需求

目前，企业正在争相发掘下一代数字化技术的价值。始于20 世纪 60 年代的企业流程自动化概念催生了 ERP 系统，并不断向前发展，现在又迎来了机器人流程自动化的发展热潮。

RPA 对提高企业的运作效率和竞争力具有重要的积极作用。可以提高企业的运作效率，优化业务流程，将员工从烦琐的重复工作中解放出来，以便他们将更多精力专注于富有创造性和更高价值的任务中。随着时间的推移，企业可以改善人员流失的问题，工作氛围会更好，内部创新也会持续增加。

RPA 通常被认为是通往人工智能的第一步，它有望彻底改善企业的工作方式，以提高企业对新兴业务趋势的反应能力，在人工智能时代抢占关键先机。算法及人工智能技术的进步，为企业带来了全新的机遇。与大多数技术的成长轨迹一样，人工智能的产业化应用虽然仍处于早期阶段，但其还将继续向前发展。目前，人工智能技术（图像识别、自然语言处理、推荐引擎等）主要是在技术驱动型的企业中有应用，其他企业的业务缺乏接触并

应用新技术的机会。RPA 证实了自动化技术的价值，使企业员工
能够更好地适应与数字化劳动力一起工作的环境，进而为全面运
用各种性质的人工智能做好准备。

4.1.2 RPA 项目建设的最佳实践

任何复杂的过程都可以拆解为简单的步骤，RPA 项目的建设
也不例外。如图 4-2 所示，一个完整的 RPA 项目的建设路径从选
择最适合被自动化的流程开始，到获得管理层和团队的支持而得
以实现，通过试运行并最终投入使用，这一系列过程其实并不复
杂，成败主要在于对细节的处理（RPA 实施的具体步骤与方法将
在第 5 章中展开讲解，此处仅做简要介绍）。

RPA 项目在建设的过程中应努力避免三种常见的陷阱，具体
说明如下。

❑ 组织陷阱：因缺乏来自管理层或者团队本身的支持，导
致项目难以推进。

❑ 流程陷阱：选择进行自动化的目标流程无关紧要或者过
于复杂，从而导致改善效果有限。

❑ 技术陷阱：选择难以使用的 RPA 工具，可能会导致开发
速度缓慢。

落入任何一个陷阱都会阻碍自动化的实现进程，严重的甚至
会影响到整个项目的成功实施。

在此过程中，组织还应当理解并管理好对 RPA 项目建设
周期的期待值。根据达观智能对 RPA 客户的调查，一次完整的
RPA 项目部署通常需要一到两个月不等，包括配置、测试和将自

动化流程投入使用所需要的时间。自然而然地，各方都会对 RPA 抱有快速落地的心理期待，然而流程的复杂程度、团队规模和目标流程自动化的程度都会影响项目周期。为了保证 RPA 项目建设的质量和效果，我们建议企业应从自身需求出发，对项目的落地时间表做出合理的预设。

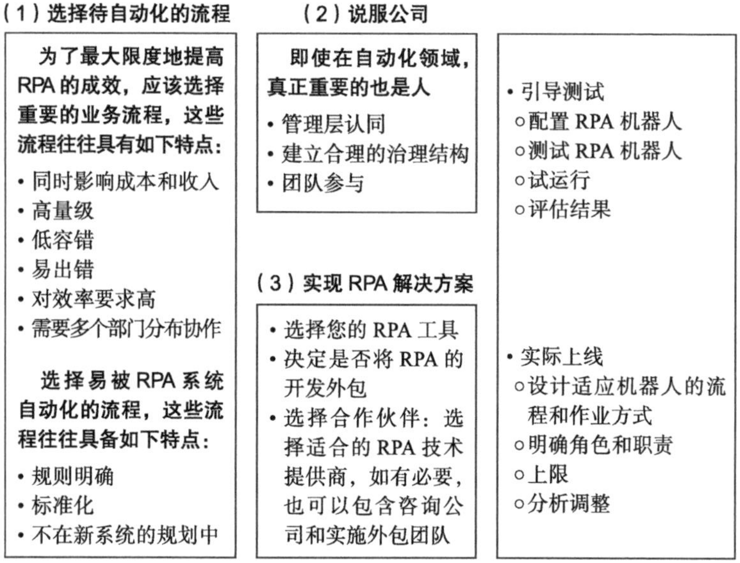

（1）选择待自动化的流程

为了最大限度地提高 RPA 的成效，应该选择重要的业务流程，这些流程往往具有如下特点：

- 同时影响成本和收入
- 高量级
- 低容错
- 易出错
- 对效率要求高
- 需要多个部门分布协作

选择易被 RPA 系统自动化的流程，这些流程往往具备如下特点：

- 规则明确
- 标准化
- 不在新系统的规划中

（2）说服公司

即使在自动化领域，真正重要的也是人

- 管理层认同
- 建立合理的治理结构
- 团队参与

（3）实现 RPA 解决方案

- 选择您的 RPA 工具
- 决定是否将 RPA 的开发外包
- 选择合作伙伴：选择适合的 RPA 技术提供商，如有必要，也可以包含咨询公司和实施外包团队

- 引导测试
  ○配置 RPA 机器人
  ○测试 RPA 机器人
  ○试运行
  ○评估结果

- 实际上线
  ○设计适应机器人的流程和作业方式
  ○明确角色和职责
  ○上限
  ○分析调整

图 4-2　RPA 项目建设的最佳实践

4.1.3　RPA 项目的运营要点

1. 衡量 RPA 带来的成效

那么，RPA 实施的结果应该如何衡量呢？供应商们普遍认为应该是根据实施之后 KPI 的变化来衡量。

- Blue Prism 为一家商务流程外包公司实现了 14 项流程的自动化，为其节约了大约 30% 的成本，提升了服务的质量和精准度。
- 外包服务提供商 Xchanging 在实施 RPA 系统后成本降低了 11% ～ 30%，客户的业务发展速度得到了显著提升。从客户处收集来的数据也由手工处理变为了机器人处理，将数月的流程缩短至几分钟。
- Cognizant 帮助一家医疗保险公司自动调整索赔流程，为其节省了 44% 的成本。

"无法衡量，就无法改进"（管理大师彼得·德鲁克）

虽然对使用流程自动化进行 A/B 测试比较复杂，但是通过观察实施 RPA 后的团队在成本、产出和效率方面的变化可以很好地评估 RPA 的成效。度量 RPA 所带来的收益有助于进一步提升生产力，鼓励团队发掘可改进的领域，提升实施团队的话语权。

2. 避免技术资源浪费

在过去，长期的 IT 投资和规划往往不会考虑非技术团队的能力提升，结果就是遗留下了大量功能重复的系统和杂乱的业务流程。这些不但会导致员工对应用新技术产生抗拒心理，而且不时地修复旧的系统对技术团队而言更是一项会耗费精力和成本的任务。

如今，RPA 为非技术团队提供了强大的自动化工具，随着工作能力的提升，越来越多的流程自动化需求被提上日程。如果缺乏系统的规划和思考，就会导致流程复杂化、技术资源浪费等诸多弊端，同时也会让 RPA 项目的收益大打折扣。更为严重的后果是，会造成 RPA 的部署工作困难重重、难以落地。确保由

RPA 完成的自动化在未来不会被重复开发，对于避免资源浪费来说十分重要。企业应保证将稀缺的技术资源更好地应用于构建 RPA 工具无法实现的功能。

3. 考虑架设 RPA 卓越中心

一般而言，RPA 在组织内的成长路径是这样的：从 PoC 开始验证概念、测试、开发并上线，在开发多个 RPA 机器人之后，企业逐渐开始意识到应该有一个团队来管理功能各异的机器人，此时可以考虑架设 RPA 卓越中心来管理和催化组织的自动化转型，对接不同业务模块的自动化需求，以便更好地启动和交付新的 RPA 项目。

这里的一个要点是，说服各业务模块主动推进 RPA 战略。例如，业务部门应主动提出需求，积极与分析师沟通以便共同梳理业务流程，否则卓越中心所负责的将是对他们来说完全不理解的流程。卓越中心应当将主要精力聚焦于最佳实践，与 IT 团队协作，加速组织的自动化，以提高收益基准。关于 RPA 卓越中心的建设和运营，下文会给出详细的探讨。

4. 管理对组织的影响

因为机器人将从人类员工处接管更多的工作，所以短期看，RPA 将不可避免地会导致企业出现人力冗余的情况，这就要求管理者事先做好规划。一旦员工原有的职责实现了自动化，新的工作任务就要即时布置下去。人力部门也应做好配合，在优化人力资源的同时做好过渡工作培训的安排。

与以往的几次工业革命一样，人工智能革命也会让一些之前有价值的技能变得不再有用。如果不能顺应时代变化，专门从事自动化任务的员工将不可避免地遭遇职业瓶颈。虽然我们希望这样的案例尽量少地出现，但这依然对企业的管理提出了挑战。为遇到困难的员工提供一定的支持，帮助他们做好职业规划，有利于人工智能技术的持续落地，以及维持良好的劳资关系。

4.2　建立 RPA 卓越中心

"技术变化很快，但组织变化却慢得多，这是数字化转型的第一定律"（《哈佛商业评论》，George Westerman）。在组织开始推动变革的同时，运营提供技术支持转型，只有这样才能成功实现数字化转型。为此，一个结构良好、人员配备有序的 RPA 卓越中心（CoE）就显得至关重要了。

4.2.1　RPA 卓越中心的 5 个职能

在企业层面，推荐建立 RPA 卓越中心来管理自动化项目。一个结构和功能良好的 RPA 卓越中心具备跨职能和多功能的特点，能够保证实现预期的投资回报，并推进公司的管理变革。

一般而言，CoE 应包含以下五个维度的职能（如图 4-3 所示）。

1. 组织

❑ 融入公司的总体组织架构
❑ 支持 RPA 项目完成的内部和外部人员
❑ 培训
❑ 变更管理方式

组织
- 融入公司的总体组织架构
- 支持 RPA 项目的内外部人员
- 变更管理方式
- 培训

治理
- 上报路径
- 政策合规、程序合规
- 系统权限
- 处理优先级

流程
- 评估
- 开发
- 测试
- 部署
- 建立标准

技术
- 机器人操作环境架构（ROE）
- 基础设施支持
- 技术选择和许可

运营
- 维护现有的自动化流程
- 支持
- 监控

图 4-3　RPA 卓越中心的五大职能

2. 治理

❑ 上报路径

❑ 政策合规、程序合规

❑ 系统权限

❑ 处理优先级

3. 技术

❑ 机器人操作环境架构（ROE）

❑ 基础设施支持

❑ 技术选择和许可

4. 流程

❑ 评估

❑ 开发

❑ 测试

❑ 部署

❑ 建立标准

5. 运营

❑ 维护现有的自动化流程

❑ 支持

❑ 监控

4.2.2 CoE 的 3 种组织架构及其职责

建设 CoE 之前，企业需要思考一个问题，我们想要一个集中的、分散的还是混合的架构？

1. 去中心化架构

去中心化（也称联邦制）的架构具有将能力传播到全组织的特性。前面列出的 CoE 的功能将在独立的业务单元中运行，各业务单元拥有独立的权限，用于决定流程的优先级、评估和开发 RPA 流程。在去中心化的架构中，业务单元将独立负责 RPA 的运营。去中心化的 CoE 通过对业务单元进行授权，使各部门具有自我变革的认知，企业在启动 RPA 项目之初即可获得并创造巨大的动能。

然而，由于没有集中控制，在整个组织的成熟度不断发生变化时，去中心化架构还面临着难以扩展、涉及的业务模块多、与 IT 团队的联系复杂等困境。由于没有共享平台，因此这将是一个成本更高的解决方案。去中心化的解决方案有利于发展定制的

RPA 方案，而非组织内部跨部门的标准化方案。如果企业从去中心化架构开始，后期尝试转型到集中式和混合架构将会花费大量的时间。

2. 集中式架构

集中式的架构具有动员组织内部所有 RPA 的能力。集中式架构中，CoE 的所有功能都将从一个集中的功能池分发出去，这是一种自内而外的方法：CoE 提供专业知识并管理成功交付 RPA 所需的公共资源。采用集中式架构需要建立一个集中的共享平台，所有业务单元的流程在这里都能得到托管和扩展，以便于进行标准化和更新迭代。业务流程经由 CoE 团队实现自动化，再分发到各个部门。

它还会基于项目的总体目标，对流程用例进行优先级排序，保证在 RPA 的整个实施链条中，衡量 RPA 成效的每个环节都与企业战略和组织愿景保持一致。集中式 CoE 可以在链条上游参与合作伙伴的选择，制订实施路线，保证企业掌握技术，从而降低对于外部软件供应商的依赖。

与去中心化的模式相比，集中式架构可规模化的能力较强，并且信息传导机制更有效。它在动员速度上更慢一些，但是对于重视可扩展性和运营管控的企业来说，这是一个更好的模型。

3. 混合架构

去中心化架构和集中式架构各有利弊，组织可结合自身需求进行创建。混合式架构的 CoE 可以同时具有集中式架构的共享平台和统一运营团队，同时，各个业务部门的流程自动化也有足够成熟的认知和自驱能力。中心平台可负责统筹，提供专业的操作和技术支持，各业务部门则负责鉴别待自动化流程的优先级以及评估和发展适合特定业务的自动化流程。

混合式架构比较适合于发展已较为成熟的组织，这类组织的业务部门对 RPA 和业务都有深入的理解。混合模式具有集中式架构的可扩展性，并且不受分布式自动化的限制。

如表 4-1 所示的是不同组织架构的 RPA 卓越中心的对比。

表 4-1　RPA 卓越中心组织架构

架构模式	特　征	技术要求	问　题
去中心化	机器人流程自动化项目由各业务模块自行承担	供应商提供技术支持	• RPA 机器人的部署缺乏战略性； • 没有统一的标准； • 后续升级和管理困难； • 企业无法获得技术积累
集中式	各业务模块的机器人流程自动化需求由 CoE 的团队负责跟进和实施，RPA 项目有统一的标准及管理方法	CoE 提供技术支持	• 对机器人进行统一管理，负担重； • 业务模块的主动性相对较低； • 自动化需求开发不同步
混合式	• 由核心团队确立统一的标准、架构、技术和管理办法； • 由本地业务人员负责特定流程的自动化，以及后续的运营和维护	支持可来自内部和外部，对组织的管理水平要求较高	• RPA 机器人的部署缺乏战略性； • 沟通环节多，信息传递较难

在此，我们列举了一些典型问题，以供企业在选择 CoE 架构时参考，具体如下。

❑ CoE 是将覆盖后台所有部门的功能（例如，HR、供应链、财务等），还是也包括前台部门的功能（例如，销售、客户服务等）？

❑ CoE 预计将覆盖多少业务单元的自动化需求？

❑ 这个 CoE 项目将建设在一个国家内、一个地区（如欧洲）内，还是对全球范围的业务单元负责？

❑ 目前企业拥有的技术水平（可以是内部的，也可以是外部提供的）是否足够？

在组织架构方面，没有放之四海皆准的方法。每个组织都是独特的，企业规模、地理位置、行业和功能、公司技术水平和公司文化等因素都将影响企业的 CoE 架构。

4.2.3　CoE 的角色构成和人员要求

为 RPA CoE 配备齐全的技术人员和运营人员有助于确保跟踪、管控和评估自动化流程带来的流程改进和财务效益。具体而言，无论 RPA CoE 的架构采用的是去中心化架构、集中式架构还是混合架构，都应具有项目发起人、主管、项目经理、业务分析师、解决方案架构师、开发人员、运营支持等关键角色，不同角色的职责划分和任职要求可参考如下建议。

1. RPA 项目发起人

在总公司层面的高管中，需要一位 RPA 项目发起人，全面负责推进 RPA 战略，同时确保 RPA 卓越中心在公司范围内的成功建设。

2. CoE 主管

负责 RPA 卓越中心的统筹运作、各业务模块管理层的沟通，以及向集团公司领导层报告整体项目绩效。

CoE 主管的职责描述具体如下。

- [ ] 负责企业 RPA 卓越中心的管理和运作，及时了解行业动态和技术趋势，对企业 RPA CoE 的建设提出改进方案并推动实施。
- [ ] 根据集团公司的流程自动化发展战略和实际环境，制订切实可行的管理方案和计划，明确绩效衡量指标，并监督计划有效执行。
- [ ] 积极推动与组织内各部门、供应商、第三方等的合作，从内部和外部发现新机会，不断提高 RPA 项目的效率和效益。
- [ ] 负责 CoE 团队的统筹管理，带领各部门员工按时按质完成自动化项目和运营任务，建立有效的工作机制，负责 CoE 的整体绩效。
- [ ] 完成领导交办的其他任务。

CoE 主管的任职要求具体如下。

- [ ] 具有 5 到 10 年的管理经验，对于大型企业的转型和 IT 变革具有深入且独到的个人理解，具备共享服务中心（SSC）或全球共享服务中心（GBS）管理经验者优先。
- [ ] 具有领导力、判断力、决策能力和战略思维，具有丰富的实战经验。
- [ ] 具备企业管理的专业知识，计划性强，有能力带领多功能型团队实现目标。
- [ ] 具有优秀的商务谈判技巧，善于沟通和表达，具有应对挑战的能力。
- [ ] 对于自动化流程改进具有充分的知识积累，了解 RPA 和人工智能技术，或者具备快速学习新技术的能力。

3. RPA 项目经理

按照 CoE 预设的方法管理机器人项目的交付，确保项目效益并在预算范围内按时完成。

RPA 项目经理的职责描述具体如下。

- ❑ 负责 RPA 项目的进度、质量和交付等工作，对总体进行管理和把控，定期反馈项目进度情况。
- ❑ 快速理解需求，形成计划和方案，组织团队进行项目的开发、测试及维护支持等工作。
- ❑ 负责相关技术文档、设计文档以及项目总结文档的编写。
- ❑ 指导团队落实设计和开发规范。
- ❑ 按时按质完成规定的任务目标。

RPA 项目经理的任职要求具体如下。

- ❑ 具有五年以上业务系统开发经验，拥有开发和实施 RPA 的相关经验，持有相关技术认证者优先。
- ❑ 具有三年以上团队管理经验，能独立带领团队快速完成项目开发，对信息化系统的管理具有深刻且独到的理解。
- ❑ 良好的书面表达能力，编写的文档清晰、简洁。
- ❑ 良好的口头表达能力，能够向非技术人员传达技术细节。
- ❑ 具有敏捷开发能力和项目管理经验，能够适应高强度的工作。

4. RPA 业务分析师

负责识别自动化机会，收集需求，结合战略目标对流程自动化的潜在收益进行自上而下地详细分析并出具意见。

RPA 业务分析师的职责描述具体如下。

- 负责收集并评估各业务模块的自动化需求，识别自动化的价值，对收益进行综合评估并给出优先级建议。
- 重新梳理业务流程，参与定义 RPA 项目的验收标准。
- 协助 RPA 开发人员设计和创建自动化解决方案，并确保交付的方案满足业务需求。
- 作为 CoE 的知识中心，承担解决方案测试和实施阶段的流程和业务咨询服务。

RPA 业务分析师的任职要求具体如下。

- 具有 2 到 3 年及以上的业务分析师或流程分析师工作经验，具备知名咨询公司相关工作经验者优先。
- 具有优秀的流程梳理能力和逻辑分析能力，精通 Visio、Visual Paradigm 等流程分析工具。
- 拥有质量管理、精益管理和业务流程再造等相关知识及经验，学习能力强。
- 工作细致有耐心，具有优秀的表达能力和沟通能力。
- 熟悉一种以上的 RPA 常用工具。

5. 解决方案架构师

统筹全 CoE 的整体解决方案设计，参与创建并更新 RPA 解决方案的架构设计文档，协助 RPA 项目的开发和实施。

解决方案架构师的职责描述具体如下。

- 参与业务和功能需求的梳理，并以此为基础设计 RPA 的顶层架构，确保高效开发机器人的功能。
- 控制 RPA 自动化解决方案的设计和开发，制订并维护开发标准，确保交付团队之间的一致性和连续性。

☐ 能够结合具体业务场景提供具备 CoE 统一标准的 RPA 技术解决方案。

☐ 创建流程库，维护所有已开发的 RPA 流程。

☐ 为 IT 人员提供 RPA 先置基础设施、环境设置、软件安装及测试等技术支持和咨询服务。

解决方案架构师的任职要求具体如下。

☐ 具有六年以上的解决方案架构师从业经验，具备基本的顶层设计能力和对大型项目的控制力，且有成功案例。

☐ 一年以上的 RPA 开发经验，熟悉 RPA 技术、开发流程和工具，具备主流厂商的相关认证者优先。

☐ 具备基于流程自动化的架构设计经验，能提供技术和业务层面的架构咨询服务。

☐ 沟通协调能力强，与组织的各个层级都能够进行良好的沟通，具有优秀的团队合作意识。

☐ 理解各业务模块的业务和功能性需求、非功能性需求、性能及可用性需求，能有针对性地设计和交付自动化解决方案。

6. RPA 开发人员

团队成员负责技术解决方案的设计、开发和测试，对 RPA 项目提供长期的技术支持。

RPA 开发人员的职责描述具体如下。

☐ 使用 RPA 工具进行 RPA 流程的开发和实施，完成 RPA 数据统计及数据处理自动化。

☐ 独立完成核心功能的开发，验证和修正测试中发现的问题。

❑ 协助项目经理完成整个项目的交付工作，在验收阶段和
上线阶段为运营团队提供技术支持，解决技术问题。

❑ 检查其他开发人员的工作成果，以确保工作结果符合内
部控制、安全、审计等要求。

❑ 根据已上线的 RPA 机器人产生的需求和问题，持续优化
RPA 产品的功能。

RPA 开发人员的任职要求具体如下。

❑ 具有 1 到 3 年面向对象编程（C#、Java、Python 等）的
软件开发经验，具备 RPA 项目实施经验者优先。

❑ 熟悉 Excel 函数公式，具备利用 Excel 进行数据抽取及分
析处理的能力。

❑ 熟悉 SQL 及数据库操作（MySQL、SQL Sever 等）。

❑ 做事积极主动，具备良好的沟通能力、协调能力，有较
强的学习能力和抗压能力，具备一定的数据分析能力和
处理能力。

7. 运营支持人员

该团队是在 CoE 建设过程中遇到任何问题时的第一道支持
线，目标是确保业务照常进行。

运营支持人员的职责描述具体如下。

❑ 管理和分配 RPA 流程工作负载，确保机器人运行环境的
稳定性。

❑ 监控机器人的操作和运行流程，在出现问题时及时给出
响应，提供解决方案或及时上报。

❑ 与各部门保持良好的沟通，负责常规需求的沟通和获取。

❑ 数据的整理、常规报表的制作和递交。

❑ CoE 的日常运营工作（投诉处理、文件整理等）。

运营支持人员的任职要求具体如下。

❑ 具有 1 到 2 年运营支持相关的工作经验，具备良好的沟通能力，可以清晰地解释技术问题。

❑ 具备良好的团队合作精神，能够很好地处理跨职能部门的事务。

❑ 对 RPA 技术有基本的了解，学习能力强。

❑ 沉着仔细、做事踏实、抗压力强，具备多线程工作的能力。

如图 4-4 所示的是 RPA 卓越中心角色的构成结构图。

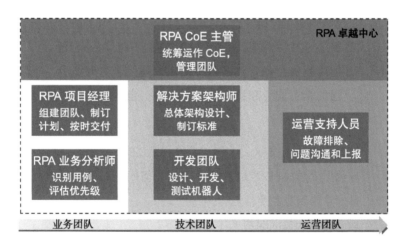

图 4-4　RPA 卓越中心角色构成

　　除以上常规的人员构成之外，CoE 项目组还可能包括来自财务部门、人力资源部门、合规部门、IT 部门等跨部门的支持人员，企业可视需求及人力资源配置灵活设计。

4.2.4   CoE 的工作流程

作为组织实施 RPA 项目的核心，RPA 卓越中心负责统筹、执行、监督并改进整个 RPA 项目推进的全生命周期。RPA 卓越中心负责识别并评估自动化机会，开发、测试并将 RPA 机器人部署到稳定、可扩展的环境中，建立标准，并全程保证遵循组织目标以达成一定的业务目标。

RPA 卓越中心建设成功后即可进入实际运转阶段。这一阶段需要确保机器人无故障地运行，持续地识别自动化机会并且完成流程的自动化，同时对流程以及系统进行持续地维护和改进，以保证安全性和合规性，以及建立指标评估框架。

CoE 拥有多个工作任务，RPA 开发是其核心职能，这一过程包含六个端到端的步骤：流程识别→流程评估→自动化开发→测试→运营维护→持续改进。

如图 4-5 所示的是 RPA 卓越中心的工作流程示意图。

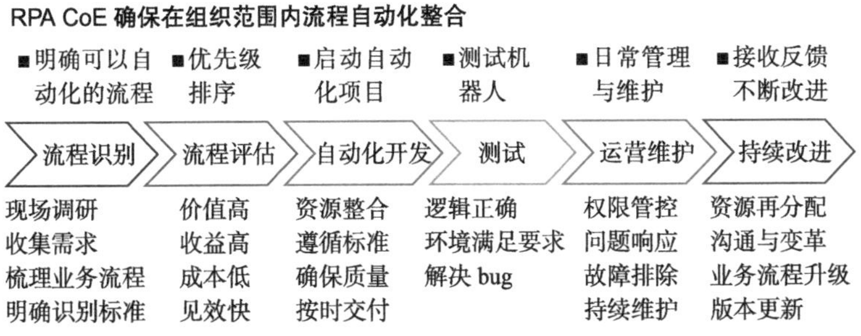

RPA CoE 确保在组织范围内流程自动化整合

■明确可以自动化的流程	■优先级排序	■启动自动化项目	■测试机器人	■日常管理与维护	■接收反馈不断改进
流程识别	流程评估	自动化开发	测试	运营维护	持续改进
现场调研	价值高	资源整合	逻辑正确	权限管控	资源再分配
收集需求	收益高	遵循标准	环境满足要求	问题响应	沟通与变革
梳理业务流程	成本低	确保质量	解决 bug	故障排除	业务流程升级
明确识别标准	见效快	按时交付		持续维护	版本更新

图 4-5   RPA 卓越中心工作流程

此外，CoE 的其他职能也要得到重视并同步推进建设，如基础设施的建立和维护、运营维护、合规管理和培训，等等。

4.3 RPA 卓越中心的运营实践

RPA 卓越中心可以帮助企业将自动化能力有效地嵌入到组织中，使累积的知识和资源在各个业务单元中得到合理地重新分配。RPA 卓越中心帮助企业实现可持续发展的能力是有目共睹的，这也使得它能在越来越多的组织中从计划蓝图走向现实应用。前面我们详细介绍了 RPA 卓越中心的概念，并为企业建设卓越中心提供了指导性建议。本节将介绍在启动 RPA 卓越中心时，还需要了解哪些实践要点，以确保 RPA 卓越中心成功启动。

4.3.1 计划阶段

1. 寻求合作伙伴

许多想要引入 RPA CoE 的企业往往不知从何处着手。企业在缺少足够的经验时，很难对不切实际的需求和解决方案做出正确的评判，在基础设施、供应商、流程、文档等问题上也可能会遇到障碍。我们建议初次接触 RPA 的企业在考虑建设 CoE 时，对于寻求外部帮助这一点保持开放心态，无论是咨询公司、厂商或是渠道商，都能够为企业提供大量的关于 RPA 技术和管理上的实用建议。

如果企业对 RPA 毫无概念，那么不妨在建设 CoE 之前，先尝试引入一个 RPA 机器人作为切入点，以建立对于该技术在能力和业务层面的基本了解，在此过程中明确是否需要 CoE 以及怎样建设 CoE。合作伙伴的经验将为 CoE 的顺利建设打下坚实的基础。

2. 明确业务目标

CoE 的建设应以业务为导向，自动化方案必须与企业的整体战略保持一致。RPA 项目以短平快著称，它是连接多种技术和系统的重要粘合剂，智能 RPA 更是涉及人工智能的多项前沿技术，例如深度学习、文本识别、语义分析，等等。乱花渐欲迷人眼，对技术的一味追求很容易使项目误入歧途，轻则增加无谓成本，拖慢工程进度，重则埋下安全隐患，造成巨大损失。与其热衷于特定的技术，还不如围绕重要的组织目标或业务结果运营 RPA 卓越中心，这也更符合 CoE 的初衷。

3. 获得支持

获得管理层和利益相关者的支持是 CoE 顺利建设的必备条件。CoE 可以连接业务需求、管理层、业务和运营团队，尽早说服关键决策人并获得团队支持，可以减少潜在的障碍。毕竟，"即使是在自动化领域，真正重要的也是人"。

4. 明确评估指标

实施 CoE 的回报是什么？ CoE 的运作效益是否值得？在项目早期确立合适的效果评估指标，对于自动化的成功实施具有重要的指导意义。降低成本、提高效率和准确性是几项最明显的成功指标。但是考虑到 CoE 的职能，可能还会涉及其他因素，包括满意度、规模化、创新性等，可以将这些指标归纳为四大类：财务指标、数字化员工 KPI、员工 KPI、自动化流程 KPI。企业可以选择合适的指标，分配权重以进行考核，对这四项指标的说明具体如下（如表 4-2 所示）。

（1）财务指标：用于评估建设 CoE 后的财务收益水平，常见的指标有成本、收益、ROI 等。

（2）自动化流程 KPI：评估已实现自动化的业务流程的运作情况，指标可包括流程错误率、平均错误解决时间、平均流程时长、重复出错率等。

（3）员工 KPI：评估 CoE 团队人员的整体绩效情况，比如，工作时长、效率、工作量等。

（4）数字化员工 KPI：评估机器人的运行情况和优化潜力等，可通过许可（获得许可的机器人数量）、机器人利用率（已投入使用的机器人/获得许可的机器人数量）等进行衡量。

表 4-2　RPA 卓越中心效果评估指标

KPI 类别	说　明	示　例
财务指标	评估建设 CoE 后的财务收益	成本、收益、ROI
自动化流程 KPI	评估已实现自动化的业务流程的运作情况	流程错误率、平均错误解决时间、平均流程时长、重复出错率
员工 KPI	评估 CoE 团队人员的整体绩效情况	工作时长、效率、工作量
数字化员工 KPI	评估机器人的运行情况和优化潜力等	许可=机器人许可的数量；机器人利用率=已投入使用的机器人数量/获得许可的机器人数量

4.3.2　实施与部署

在做好前期考量和准备之后，就可以开始运作和建设 RPA CoE 了。

1. 做好顶层设计

CoE 将采用哪种组织架构？组织架构模式对自动化的效率、

结果和后续转型有着不同的影响，对此，4.2.2 节中已经有过深入探讨。一旦确立了适应组织特征的顶层设计，人员和技术方案的确立就会顺理成章。

例如，一般情况下，大型集团会倾向于选择集中式的组织架构，在集中式的架构中，由企业的各业务模块提出自动化需求，CoE 团队对其进行评估并给出建议，集中开发机器人并统一运营。在这种架构中，由业务分析师和程序员共同构成的团队对机器人的设计环境提出了如下要求：既要有便于业务分析师使用的可视化开发平台，也要有便于程序员团队开发的编码式开发平台。在此要求下，CoE 就应该选择兼具可视化与编码式开发的RPA 工具，并按照这个标准选择合适的供应商。

2. 标准化：从用例识别框架开始

对于业务流程中的自动化机会，企业要有合适的鉴别机制，并不是每个流程都适合 RPA。因此，在 CoE 的这一步工作中，收集各个业务模块的信息，评估出最适合 RPA 的流程十分重要。一个标准化的用例识别框架可以为业务分析师提供有效的指引，减少调研时间，提高沟通效率，以便对 RPA 的成效进行跟踪和复盘。当然，这里并不是鼓励对标准框架进行无限复制，不同业务流程的特征识别框架不一定是一成不变的。我们的建议是，CoE 团队给出的标准化评估框架中可以包含固定指标和可选指标，业务分析师可在应用时灵活调整。

3. 大处着眼，小处着手

在建立和实现 CoE 时，头脑中有一个大的蓝图至关重要，但是在涉及开发、部署和运营时，细节将决定成败，敏捷的方法是至关重要的。无论是团队还是合作伙伴，都需要具备灵活的、随机应变的能力，并能根据组织需求和状态随时进行调整。

4. 选择合适的部署方式

大型的技术成熟的公司可能拥有将 RPA CoE 托管在本地数据中心的资源，其他公司则更倾向于将 RPA CoE 托管在云端。私有化部署或公有云部署在数据安全、成本、技术、管理上各有优缺点，这也是为什么许多公司会选择定制的混合部署的方式来满足多样性的需求如表 4-3 所示。

表 4-3　RPA 卓越中心部署模式

部署类型	介　绍	优　点	缺　点
私有化部署	RPA 软件和数据库部署在企业自己的服务器上，企业可根据自身环境、办公系统、业务流程等特性，灵活制订私有化方案。满足对内容安全性、私密性要求高的客户的需求	• 根据需求灵活配置 • 安全性有保障 • 内部数据和系统成为企业私有财产	• 费用较高 • 开发周期较长 • 企业需配备专业人员进行维护
公有云部署	RPA 软件部署在云环境中，企业只须开通专用账户，借助互联网即可使用自动化功能。满足对功能上线要求快的敏捷型客户的需求	• 部署成本较低 • 效果转化快 • 不受场所限制 • 操作简便	• 自动化程度有限 • 受限于 Web 浏览器任务
混合部署	混合部署是部分私有化部署，部分公有云部署。建议将部分服务模块部署在云端（如控制中心、OCR、NLP 等），易于维护和后续模型更新，机器人和其他数据敏感的模块可部署在本地	• 定制灵活 • 贴合需求 • 成本相对合理	• 管控难度较大

（1）私有化部署

RPA 软件和数据库均部署在企业自己的服务器上，企业可根据自身环境、办公系统、业务流程等特性，灵活制订私有化方案，以满足对内容安全性、私密性要求较高的客户的需求。

优点：根据需求灵活配置，安全性有保障，内部数据和系统可成为企业私有财产。

缺点：费用较高，开发周期较长，企业需要配备专业人员进行维护。

（2）公有云（SaaS）部署

RPA 软件部署在云环境中，企业只需要开通专用账户，借助互联网即可使用自动化功能。公有云部署的方式能够满足对功能上线要求较快的敏捷型客户的需求。

优点：部署成本较低，效果转化快，不受场所限制，操作简便。

缺点：自动化程度有限，受限于 Web 浏览器任务。

（3）混合部署

顾名思义，混合部署是部分私有化部署，部分公有云部署。建议将部分服务模块部署在云端（如控制中心、OCR、NLP 等），以便于进行维护和后续模型的更新，机器人和其他数据敏感的模块则可部署在本地。

优点：定制灵活，贴合需求，成本相对比较合理。

缺点：管控难度较大。

4.3.3　管控与运营

管控和运营紧密相连，并且贯穿 RPA 的整个生命周期。在实践中，管控和运营涉及大量的业务人员和支持人员，他们也许不属于 CoE 核心团队，但是共同参与并推动了整个项目的成功实施。

1. 理解价值实现不同步

RPA 的一个优点是它可以快速地提高流程效率。通过 CoE 在跨部门范围内推广流程自动化可能会加速这一过程，短时间内某些部门即可获得巨大的回报。然而，由于业务、技术等特性的不同，自动化在不同部门之间的价值实现往往是不同步的。衡量 CoE 的回报需要综合考虑到各个部门的实际情况。

2. 避免短期心态

对于周期短、见效快的 RPA 来说，企业很容易会产生"短平快"的期待。然而，CoE 的建设涉及组织内部跨部门的协调和技术整合工作，在内部和外部进行充分的交流是成功建设 CoE 的基础。同时，由于各个部门的价值实现不同步，因此给予一定的时间周期用于衡量 CoE 的成效将是很有必要的。从自动化转型的整体战略来看，CoE 其实是一个具有长期回报的项目。

3. 建立控制机制

将 CoE 嵌入到现有的组织结构中，需要考虑到其对下游的影响，新的自动化工具也对权限分配、汇报路径、劳资关系等因素提出了新的挑战。即便 CoE 作为企业自动化战略的主要推动中心（也被称之为"自动化战略的唯一触点"），能够有效地简化多个机器人带来的治理难题，核心团队也仍然应该对可能发生的各种变化保持敏捷应对。为了尽量减少与控制和职责隔离有关的风险，每个组织都应当建立一些适当的控制机制，具体说明如下。

（1）职责分离

RPA 机器人的开发、部署和运营职责应妥善分离。首先要确保开发人员只能访问开发环境，而不可访问生产环境。机器人开发完成后将被部署到中心平台，此时应确保只有一人负责该操作。一旦部署到位，运营人员即可开始监控机器人的操作和运行流程，由于运营人员不能访问 RPA 工作流，因此需要将观察到的任何问题全部按照标准反馈给开发团队。

（2）对虚拟劳动力的任何访问都应该统一归口、集中管理

对不同 RPA 平台的访问权限应集中管理，相关措施具体如下。

- 生产平台的访问权限应由 CIO 控制，并且需要得到 CoE 经理的批准。
- RPA 开发人员不可访问生产环境。
- 生产环境可以选择和创建具有不同访问权限的概要文件，例如，仅可编辑的机器人、仅可查看的机器人，等等。

（3）机器人审计追踪

在任何时候，任何机器人的"数据事件"都应被记录下来并保证可追溯。日志记录应允许复原和再现与事件相关的创建、修改和删除数据的过程，并且保存原始输入和用户/机器人 ID、行动的时间和行动的理由等信息。日志自动生成并归档，还要确保日志内容清晰可读，以便方案架构师和审计人员进行跟踪。日志应有统一的标准，同时处理和审查日志的内部程序必须到位。

4. 保持可扩展

功能齐备的 RPA CoE 可以轻松扩展。随着业务的增长，相应的需求可能会发生变化，CoE 也应随之一起演进。为了确保自

动化流程能够正常工作，在运营实践中应对系统和机器人进行不定期更新。每当运行环境（如 Python 更新版本）或第三方软件（如 SAP）更新后，CoE 团队应对工作中的机器人遭受的影响进行分析，及时更新自动化软件，并在更新前对全部机器人执行回归测试。

同时，与雇佣和培训新员工所需的时间和资源相比，RPA 机器人可以在更短的时间内完成工作。向工作人员中增加更多的数字化员工比将新员工安排到 IT 系统中要容易得多，因此需要企业在数字化转型中持续加强自动化的能力。

4.4 RPA 卓越中心的 3 个挑战

4.4.1 技术的挑战

首先，企业应梳理内部的现有技术与 RPA CoE 之间的关系。RPA CoE 所侧重的技术可能会与企业已有的技术发生冲突。例如，RPA 和 BPM（业务流程管理）就可能会出现冲突，RPA 和 BPM 可以理解为同一个问题的两种不同的技术解决方案，在已有 BPM 系统的情况下建设 RPA CoE，可能会导致项目竞争，从而使得 RPA CoE 承担与特定技术特性不相符的任务。

BPM 不是特定的软件，而是一种简化业务流程以实现最高效率和价值的方法。它深入探讨了流程的运作原理，确定需要改进的领域并构建解决方案，通常是从头开始。BPM 旨在确保业务流程基础架构的稳固性。

这两种技术本身具有不同的实施策略：在需要处理高频、系统间交互的流程时，推荐使用 RPA；如果需要保证某些流程尽可能长时间地运行，或者是需要进行多种（大量）人工交互时，那么推荐使用 BPM 软件。

其次，虽然 CoE 的设计通常会围绕技术进行能力构建，但是 CoE 本身不应该只专注于技术。CoE 最关键的目标是确保和驱动理想的业务结果。围绕企业愿景和特定的业务目标（比如，改进客户体验或者减少现金回收时间，等等）来组织 CoE 可能会更好。

4.4.2　管理的挑战

CoE 指导组织构建、维持、扩展 RPA 战略并将其嵌入到业务的每一个部分，这就在管理上对组织提出了挑战，具体说明如下。

- CoE 在企业中的定位是什么？
- 谁拥有它？
- 谁领导它？
- CoE 涉及哪些资源和部门，沟通路径应如何设计？
- 需要多少人力，来自企业内部还是外部？
- 需要什么样的专业知识和培训？
- 需要多长时间建立和稳定运作？
- 理想的预算是多少，谁来提供？
- 怎样衡量投资回报？

诸如以上这些看似简单的问题往往会对工作造成意料之外的阻碍，因此 CoE 的发起人和管理者对这些问题进行思考和解答就变得十分重要了。

我们已经知道 CoE 的章程是设立评估框架和标准化办法，确定自动化用例，培养技能、方法、工具和技术，以最有效的方式为组织实现流程自动化。新的人员、新的流程、新的标准与现有组织结构和企业政策之间的交互本身就需要时间进行调整和验证。这就要求 CoE 团队保持敏捷的工作风格，以做好准备来迎接挑战。

另外值得注意的是，CoE 的管理者在回答以上问题时不能忽视企业的组织文化。设计出符合企业政策框架和文化传统的架构，不但可以减少建设 CoE 的阻力，还可以为之后团队推广自动化预先做好铺垫。也正是因为这样，在进行决策之前，收集并参考 CoE 参与者的建议是非常有必要的。

在迅猛发展的数字化企业里，员工是企业进行持续创新并保持活力的源头。员工了解企业的发展目标，能够看出业务运行方式中存在的问题，并不断地提出改进方案。要想实现数字化转型，只靠文字和酷炫的新技术是不可能实现的。

管理者需要完成哪些工作呢？描绘一个令人信服的、可以体现自动化未来的愿景；促进交流，让员工能够理解上述愿景并明白这对他们来说意味着什么；清理会妨碍转变的遗留问题（例如，信息系统、工作规定、激励政策、管理措施，等等）；开始试点，建立标杆，创建对话和学习，让企业的不同部门能够从其他部门的创新中获益。

完成以上工作，组织将具备自动化变革的能力，而不仅仅是完成一系列 RPA 转型项目。一旦企业拥有了变革的能力，那么自动化转型就会永不停歇。它会变成一个持续的过程，在这个过程中，员工和他们的领导会不断地明确新的转变方式，从而让企业发展得更好。

4.4.3　资金的挑战

RPA 卓越中心的融资也是企业所面临的挑战之一，一般包含三种常见的融资模式，如图 4-6 所示，具体说明如下。

RPA 卓越中心三种常见融资模式

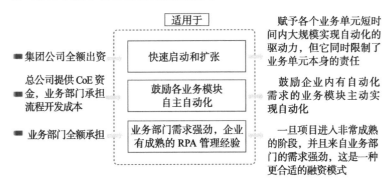

图 4-6　RPA 卓越中心三种常见的融资模式

第一，企业（集团公司／总公司）全额出资建设 CoE，这种情况比较常见。企业全额出资的 CoE 通常会赋予各个业务单元短时间内大规模实现自动化的能力，但它同时也限制了业务单元自身的责任。

第二，企业为 CoE 提供资金，但会从各业务部门收回一部分。一般的做法是：CoE 的固定成本不计入其中，但是各业务部门要承担流程自动化的开发成本。这种做法适用于鼓励企业内有自动化需求的业务模块主动实现自动化。

第三，要求业务部门承担他们所申请的流程自动化开发所需的全额资金，其中部分资金将用于维持 CoE 的运营和治理机制。如果项目已进入非常成熟的阶段，并且业务部门对流程的自动化具有很强的需求，那么这将是一种更合适的融资模式。

本章为有意建设 RPA 的企业提供了一般性的解决方法。RPA在成本和效率上具有双重优势，可以有效地解决老旧系统的遗留问题，符合企业自动化战略的需求。大型企业的组织远比技术复杂，因此我们常说自动化转型更多会面临管理方面的挑战。企业要妥善衡量 RPA 的成效，避免技术资源的浪费，在管理层面推荐建立 RPA 卓越中心来完成自动化工作，以便更好地管理自动化对企业带来的影响。

一个结构和功能良好的卓越中心具备跨职能和多功能的特点，其将为企业打造更精益、更高效的业务流程，以保证实现预期的投资回报，推进公司管理的变革，让企业具备持续的自动化变革能力，在新一轮的智能化创新浪潮中占领先机。

第5章 CHAPTER 5

RPA 项目实施方法论

RPA 项目实施也属于信息化系统的实施范畴，与通常的 IT 项目实施相比较，RPA 项目实施的工作更多集中在业务流程梳理和定义、设计开发、持续运维三个环节。本章将依据企业 RPA 项目的成功落地经验，结合在需求规划、设计开发、测试部署、持续运维中的实践，介绍一套有效的实施方法论。

5.1 RPA 项目成功 3 要素

企业 RPA 项目的成功实施 = 明确的企业战略 + 合适的 RPA 软件 + 科学的实施方法。明确的企业战略是确定 RPA 软件与项目实施的重要依据和方向，选择合适的 RPA 软件是保障企业战略高效执行与项目成功落地的重要手段，科学的实施方法是企业战略正确贯彻执行的结果，是将 RPA 方法论与实践相结合的重要产物。

5.1.1 明确的企业战略

企业战略是企业一切活动和发展的核心。对于一个企业来说，企业创新战略是保持生机和寻找出路的必要条件，从某种意义上来说，如果一个企业不懂得改革创新，不懂得开拓进取，那么该企业就会失去竞争力。创新的根本意义在于勇于突破企业的自身局限，革除不合时宜的旧体制、旧办法，在现有的条件下，创造出更多更适应市场需要的新体制、新举措，走在时代潮流的前面，赢得激烈的市场竞争。

技术创新是企业各项创新的核心。科学技术是第一生产力，现代企业的竞争越来越依赖于科学技术，强化技术创新已成为现代企业发展的一股潮流。企业技术创新可分为原始创新模式、赶超创新模式、局部创新模式、市场创新模式、标准领先创新模式等，不论采用哪一种创新模式，最终还是需要企业开展适当的合作创新，引进一些关键技术，提高企业的自主创新能力。

RPA 的市场正在快速地发展，这也将使得 RPA 技术越来成熟和可靠，RPA 正在向企业提供一种能够集成所有应用程序并调整业务流程的能力，同时具备快速扩展、安全控制的优点，而无须对企业原有的系统进行改造。据 Gartner 统计，市值超过 10亿美元的大型企业至少有 100 种不同的应用系统及各类文件资料。包括 Microsoft、HP、Facebook 等知名科技企业在内，全球已有超过 1/3 的企业应用了 RPA 技术。

5.1.2 合适的 RPA 软件

为了保证 RPA 在实际应用中能够顺利运行，首先要选择合适的 RPA 软件，再在项目实施期间规划适用 RPA 的业务范围、梳理业务流程、开发测试、部署上线，以及制订合理的 RPA 运营策略等，最终实现使用 RPA 技术的业务目标。

企业如果想要自行开发 RPA 应用，就需要组建开发团队来针对需求进行功能定制开发。这种方式开发周期较长，开发和维护成本较高，因此建议采用国内成熟的 RPA 软件进行快速实施，企业可以结合自身的需求和表 5-1 所示的评分项来选择合适的RPA 软件。

5.1.3 科学的实施方法

信息化系统建设项目的成功离不开科学实施方法论的指导，实施方法论是信息化系统建设的战略向导，是带领企业 IT 项目走向成功的向导和前提。科学的实施方法可以从各个方面推进项目快速、准确、高质量地完成，确保项目顺利落地，以方便后续的运维和优化。

表 5-1 RPA 软件评分表

序号	评估内容	评分项	详细说明	分值
1	基础功能	机器人	支持自动登录应用系统、自动识别应用的 UI 控件，具备对 C/S 和 B/S 系统的操作能力，具备网页数据拉取、文件打开保存、数据处理、操作 Excel 和 Word 以及 Office 和 Email 等通用软件的能力	2
2			支持 Windows7 及以上版本的操作系统，IE8 以上版本的浏览器、Chrome 浏览器、Firefox 浏览器环境	2
3			支持跨平台部署，机器人客户端需要支持 Linux、Windows、Mac OS 等操作系统	5
4			支持全自动和人机交互两种模式	2
5			对于页面刷新延迟等导致的数据获取异常，支持人工触发重新运行	2
6			支持流程运行视频录制	2
7			支持机器人在电脑锁屏（不解锁）状态下执行流程	2
8			提供中文操作界面	2
9			支持流程的可视化控件布局自动排版、新增或删除控件时自动对齐	2
10			支持流程的可视化控件参数自动提示和依赖	2
11		设计器	支持通过可视化拖拽方式操作主流数据库，包括 MySQL、Oracle、SQL Server、PostgreSQL 等	2
12			支持操作 SAP 系统	2
13			支持操作 Java 应用程序窗口	2
14			支持可视化拖拽方式搭建流程和编码模式；编码模式支持使用 Python 脚本语言，以提升流程的可扩展性和灵活性	2

序号	功能描述	分类	分值
15	支持流程条件判断、循环控制等流程组件		2
16	具备计算机视觉（CV）功能组件，支持企业各类定制化软件非标准化元素的定位与获取		5
17	支持对流程进行版本管理、子流程导入导出、修改后的流程可定义新的流程版本		3
18	支持调用第三方 API、可执行程序、组件等		2
19	支持可视化调试，用不同的可视化状态标识流程的执行进度。支持断点调试，支持指定控件反复调试运行		3
20	支持系统异常处理和日志输出、屏幕截屏		2
21	支持 Linux 系统，包括 RedHat、Ubuntu、CentOS 等主流 Linux 系统	控制台	5
22	支持云端部署，支持 Docker 技术部署实施		2
23	支持多租户，并且支持单用户跨租户		2
24	支持可视化监控大屏，轮播展示流程的执行状态和进度		2
25	支持权限管理，适配企业组织架构，支持复杂的机器人部门权限管理		2
26	支持任务管理，统一调度，可远程管理执行器分派发流程执行任务		2
27	支持资源使用监控，提供实时查看系统 CPU、内存等资源使用情况等功能		2
28	支持实时查看任务流程运行的节点状态		2
29	当程序运行时，如果突然出现硬件出错、系统崩溃、卡死等问题，则软件应能提供日志分析，保障流程稳健运行		2

（续）

序号	评估内容	评分项	详细说明	分值
30	基础功能	控制台	对于机器人执行任务失败或呈异常的情况，提供提醒机制	2
31			自动监控机器人运营的异常情况，并发送对应形式的提醒	2
32			流程编辑器与控制台独立运行，控制台支持用 Web 方式访问操作	2
33	人工智能	NLP	针对 PDF、Word 等格式的文本文档可进行关键信息自动提取，自动审核、文本自动分类、标签提取、摘要生成等文本智能处理，可支持定制化和本地化部署	8
34		OCR	支持图片类文档的信息识别和提取，如常见的银行卡、身份证、发票、车票等卡证类及财务报表（有边框／无边框）、印章类型、可支持定制化和本地化部署	8
35	系统安全	用户权限管理	1）提供系统用户创建、修改、删除等功能 2）提供权限分配的功能，权限应按角色进行分配。同时可对用户设置资源配额，权限控制对象应至少包括流程编辑、操作等权限功能	2
36		账户密码加密管理	对流程中的账号密码进行加密存储管理	2
37	稳定性	稳定运行	设计的流程在另一台机器人上无需修改即可稳定流畅运行	2
38	现场人员	理解需求、解决问题的能力	现场测试人员能够精准理解需求，无带回去解决的问题	3

　　良好的开始是成功的一半，项目在需求规划阶段需要进行大量细致的业务需求分析和确认工作，同时，项目组对业务流程的理解、具体落地哪些 RPA 流程、实施方案等建设内容需要与需求方达成共识。

　　RPA 需要在复杂环境中嵌入原本的工作，而不能只关注局部工作，需要注重整体的规划和工作流程上下游的串联，避免 RPA 成为单点作战的孤立单元，让 RPA 运行的稳定性有保障，并且具备后续在企业内部进行大应用范围、扩展和延伸的可能性。

　　RPA 项目既属于信息化系统建设项目，同时又有着自身特点。因其涉及流程开发，建设内容通常以业务流程自动化为主，所以需要满足稳定性、可扩展性、易维护性的要求。如图 5-1 所示，按照 RPA 实施流程来划分，我们可以将 RPA 项目分为需求规划、设计开发、测试部署、持续运维四个主要阶段。

需求规划	设计开发	测试部署	持续运维
收集和分析各部门业务需求和业务痛点，规划和筛选出适合 RPA 的业务流程，对流程进行梳理和详细定义，同步细化实施方案。	根据需求规格书中的业务流程图和详细流程定义，进行框架设计，并在 RPA 设计端进行设计、开发、调试。	根据需求和实际情况制订合理的测试方案和部署方案，通过测试后再在正式环境中部署联调，确保能够正常运行。	执行系统的日常维护，定期出具 RPA 效率报告，并依据标准操作程序处理日常的维护或者新增需求。

图 5-1　RPA 实施流程图

5.2 RPA 项目的需求规划

5.2.1 制订项目实施计划

RPA 项目因其项目特性需要对接多方人员，包括各业务部门、数据中心、IT 部门、开发中心等。为了更好地处理项目事宜，必须做好分工并明确各对接方所负责的内容，避免项目过程混乱。按照 RPA 实施流程，先依据项目的具体范围制订实施计划，列出每个阶段的具体工作，确定每个阶段工作的完成时间、负责人和所需的资源，如表 5-2 所示。

表 5-2 RPA 项目实施计划

阶段	活 动	开始日期	完成日期	负责人	输出物
需求规划	需求调研及评审				业务需求规格书、业务流程定义文档、RPA 项目实施方案
	流程定义				
	细化实施方案				
设计开发	框架设计				系统设计说明书、编码规范、需求变更清单
	××机器人流程设计开发				
	××机器人流程设计开发				
测试部署	以上机器人自测优化及稳定性测试				测试方案、测试报告、测试问题跟踪表、RPA 部署方案、上线投产报告
	业务运行环境机器人安装及测试				
	全部 RPA 流程上线				
持续运维	应用移交				移交说明书、用户手册、维护手册、应急技术恢复手册、运维问题跟踪表、RPA 标准操作程序
	代码移交				
	系统培训				

通常，一个流程的实施需要流程开发工程师和业务顾问两个角色共同参与，建议开发人员同时承担起业务顾问的角色，因为业务顾问的转述可能无法让实施人员完全理解需求，业务顾问可能无法判断流程的可行性，而这样反复沟通，时间成本和人力成本都会很大。因为业务人员不具备 IT 开发思维，因此需要开发工程师充分发挥主观能动性，在不影响业务流程硬性规定和结果的前提下，提出更优的 RPA 实现方式，让 RPA 流程的实现更轻量和快速。

5.2.2　RPA 项目流程规划

业务流程是指为完成某一目标而进行的一系列逻辑相关的活动。狭义的业务流程定义认为它仅仅是与满足客户价值相联系的一系列活动。简而言之，业务流程是企业中一系列创造价值的活动的组合。通常，我们首先建立主要业务流程的总体运行过程，然后对其中的每一项活动进行细化，使其落实到各个部门的业务过程中，建立相对独立的子业务流程，以及为其服务的辅助业务流程。为了使得所建立的业务流程能够更顺畅地运行，业务流程的改进与企业组织结构的优化将是一个相互制约、相互促进的过程。

从企业投资者的角度来讲，好的业务流程设计必然是能够为企业带来高利润的设计。因此，对业务流程的效益分析是评价业务流程的一个重要环节。财务数据是最关键的数据，但这种分析不一定完全是由数据支撑的，有些是不能量化的，比如人员的工作效率等。

如果一个 RPA 项目落地困难，那么原因通常并不是技术问题，很有可能是因为业务流程不适配。并不是所有的业务流程都适用 RPA，企业需要规划并选定适合的部门及业务流程。这就需要 RPA 实施开发人员了解企业的组织和业务构架，积极沟通并分析各部门的业务需求和业务痛点，可以结合以下几个方面来评估适合开展 RPA 的业务流程范围。

1. 规划合适的 RPA 流程

针对一个非常复杂的流程做 RPA 规划是不合适的，因为全自动化一个复杂的流程，需要比较大的投入，如果将同样的投入用在完成其他多个流程的自动化上，则会更加高效。

复杂程度中低等的流程或子流程是 RPA 项目初期的最佳目标，企业可以在 RPA 成熟之后再着手扩展复杂的流程。从价值最高或构架最简单的部分开始，逐步加强流程的自动化程度。

看待 RPA 的最佳视角是将其当作辅助工具，利用其完成基础流程的操作，使人力能有更多的时间可以完成其他工作。RPA 软件机器人完全实现每一个流程可能需要较长的时间，项目应尝试通过渐进的方式逐步加大流程自动化的比例。

有些无足轻重的需求可能会导致流程的效率降低，这也是对 RPA 技术资源的一种浪费。RPA 软件机器人做了太多低效且无用的工作，占用了其他重要流程的工作时间，反而会对业务流程产生不利的影响。例如，在采购系统的审批机制中添加提示功能，利用 RPA 软件机器人向提单人发送邮件，让提单人催促审批人尽快完成审批操作。如果提单人的时间比较紧迫，那么完全不用 RPA 软件机器人提醒他也会主动催促；如果提单人的时间比较宽松，那么即使收到了 RPA 软件机器人的邮件提醒，他也不会去催促。因此，让 RPA 软件机器人提醒提单人的功能就没有太大的实现意义。

2. 考虑流程自动化带来的影响

RPA 虽然能够自动化大部分的流程，但是其并不能自动化所有的流程。例如，有些流程需要从打电话或纸质记录开始，或者需要与客户进行一定的沟通。另外，在 RPA 项目的启动、定位和交付中还会遭遇很多问题，例如，如何使自动化流程上线，以及由谁来操作机器人，这会涉及 RPA 项目的上线与利益实现。

企业通常会在项目的初期认为 RPA 是系统自动化项目，从而忽视了 RPA 最终将会把企业的业务交付给虚拟员工来处理的目标，所以建立一个以业务为导向的 RPA 管理机制是管理和提升虚拟劳动力的有效机制。成功的 RPA 项目应该是以业务为主导，与 IT、财务、人力资源和其他职能部门有着紧密合作关系。

3. IT 基础设施的准备

绝大多数 RPA 工具会在一个虚拟的桌面环境里通过适当的扩展和业务持续性设置进行操作。RPA 流程可以很快地实施，但是 IT 部门却无法在如此短暂的时间内搭建完善的基础设施，并因此成为实施 RPA 项目的主要绊脚石。

4. RPA 的投资回报率期望

有些专家宣称使用 RPA 的项目第一年的投资回报率能达到 30% ～ 300%。企业确实可以通过 RPA 提高组织的生产力、创新能力和客户体验，并降低成本，但是建议企业对投资回报率要保

持一个理性的期望值，并不是所有的业务流程自动化后都能达到
这么高的回报率。

结合以上几个方面进行评估，再深入了解各部门的业务痛
点，汇总主要业务的流程需求，最后组织各部门讨论和筛选出适
用于 RPA 的业务流程（如图 5-2 和表 5-3 所示）。

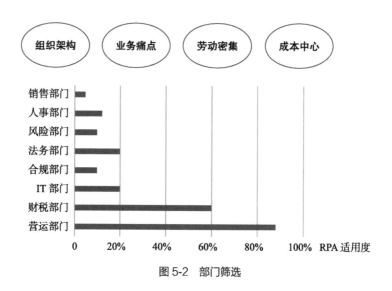

图 5-2　部门筛选

表 5-3　流程筛选

财务部门	人事部门	运营部门	IT 部门	供应链部门
会计核算	员工福利	客户管理	供应商管理	出入库管理
差旅报销	工资发放	订单管理	项目管理	库存管理
资金支付	员工考勤	微信管理	设备管理	物流跟踪
工资发放	员工招聘	电商管理	数据管理	发货管理
账单生成	员工培训	…	系统管理	退货处理
发票验真	…	…	…	…

RPA 主要适用于跨系统、跨平台、重复、有规律的工作流程（如图 5-3 所示），企业的业务流程是否适用 RPA，可以从以下几个方面进行筛选。

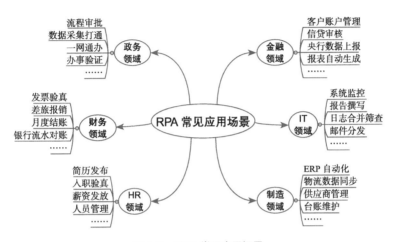

图 5-3 RPA 常见应用场景

☐ 业务量大，人工操作频繁的业务。如每小时、每天、每周都要通过人工进行处理的业务。

☐ 具有标准可读的输入类型。如 PPT、Word、Excel、Email、PDF 等可读文件，或者是通过 OCR 等方式读取的图片数据。

☐ 不侵入现有系统。不会对现有系统进行定制开发，同时原有系统的流程方法也不会发生改变。在短期内可能发生变更的系统，建议等变更稳定后再实施 RPA。

☐ 基于规则的过程。流程具有明确的操作指令，如果需要进行判断，则判断条件要有确定的规则。

❑ 节省人力。明确实施 RPA 之后能够节省的人力成本。

❑ 成熟稳定、错误率低的流程。在成熟稳定的流程中，存在少量可预测的操作异常，同时明确在该流程中投入的人力成本。

5.2.3 RPA 项目流程梳理

如图 5-4 所示，在开发 RPA 之前，需要对业务和系统进行深入了解，做好流程分析，对流程步骤进行优化和改进。流程梳理能够帮助我们更好地理解业务流程、挖掘企业业务的需求，并使业务需求向 IT 需求转化。

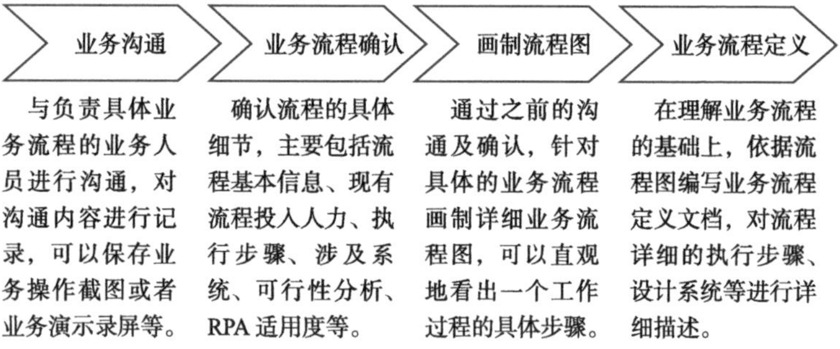

业务沟通	业务流程确认	画制流程图	业务流程定义
与负责具体业务流程的业务人员进行沟通，对沟通内容进行记录，可以保存业务操作截图或者业务演示录屏等。	确认流程的具体细节，主要包括流程基本信息、现有流程投入人力、执行步骤、涉及系统、可行性分析、RPA 适用度等。	通过之前的沟通及确认，针对具体的业务流程画制详细业务流程图，可以直观地看出一个工作过程的具体步骤。	在理解业务流程的基础上，依据流程图编写业务流程定义文档，对流程详细的执行步骤、设计系统等进行详细描述。

图 5-4 RPA 流程梳理

梳理业务流程不应只聚焦于流程本身，还应挖掘其中的前因后果，做好优化和改进。流程太复杂时，可以分成几个单独的流程来处理，不要让一个流程过度复杂或冗长，因为这样不方便进行维护和分阶段性完成。当把业务流程转为 RPA 处理时，有些步骤可能需要进一步优化，包括人为判断的部分，都需要与业务人员协商以确认如何优化处理。梳理时应尽量细化流程相关操作的细节，以便于开发和日后维护。

（1）业务沟通及确认

为确定 RPA 项目需求的细节内容，需要在实际业务流程的梳理过程中对工作在一线的业务人员进行访谈。常见的记录方式有业务截图说明、业务现场演示并录屏等，一般情况下，建议采用现场演示并录屏的方式。先请业务人员演示和讲解日常工作的人工操作流程，演示过程中采取电脑录屏录音的方式，结合现场的文字整理，将业务流程记录下来。

如表 5-4 所示，在已经详细了解客户可行性的业务流程的基础上，我们需要重新确认流程的具体细节，主要包括流程的基本信息、现有流程投入的人力、执行步骤、涉及系统、可行性分析、RPA 适用度等，为后续的 RPA 实施和设计提供足够的数据和信息支撑。

（2）流程定义及确认

有了现场演示录屏与文字记录，接下来，我们需要将这些资料转化为开发可用的步骤信息。在梳理业务流程的过程中需要将流程图画出来。

流程图是使用图形表示工作思路和事务顺序的一种极好的方法，千言万语不如一张图。流程图有时也称作输入 – 输出图，可以直观地描述一项工作过程的具体步骤，有助于准确了解事情是如何进行的，以及决定应该如何改进过程。这一方法可以用于整个企业 RPA 项目流程的梳理过程，可以直观地跟踪和图解企业流程的运作方式。

表 5-4　RPA 业务流程汇总表

流程名称（唯一）	所属部门	主题场景描述	需要RPA实现什么功能	现有人员（人/月）	单次操作时间（分钟）	业务频率（次/月）	总时间（分钟/月）	流程执行模式	系统名称	内部/外部系统	系统类型	是否需要密码	是否需要验证码	涉及系统	流程负责人	RPA可行性分析
增值税专用发票认证	财务部			2	10	1000	10 000	全自动		内部	Web	是	是	金蝶		可行
大、小额查询查复	运营管理部							人机交互		外部		Windows				
安全报告撰写	科技管理部															
自动获取投诉数据	稽核审计部															

在理解业务流程的基础上，依据流程图编写业务流程定义文档，对流程的具体执行步骤、设计系统等进行详细描述。该文档为 Word 格式，文档应包括关键业务需求、业务流程基本信息、业务流程图、流程执行步骤详细说明、所涉及的系统操作、异常及处理方案、报表、附件等内容。

5.2.4　文档说明

文档是工作成果的重要表现形式，项目的每个阶段都需要输出成果，同时，需要对相关文档进行审核，审核时需要考虑业务需求理解是否出现了偏差、流程设计是否合理、各流程是否有更好的实现方式等问题，若审核时发现问题则需要及时更正。本阶段涉及的主要文档及说明如表 5-5 所示。

表 5-5　流程梳理规划文档

序号	文档名称	文档说明	备　注
1	业务需求规格书	明确业务需求内容，罗列出项目需求中涉及的业务流程	
2	业务流程定义文档	主要包括关键业务需求、业务流程基本信息、业务流程图、流程执行步骤详细说明、涉及系统操作、异常及处理方案。为 RPA 项目实施方案的编写提供依据	
3	RPA 项目实施方案	主要包括项目的交付成果及要求、项目的人员组织架构及职责、项目实施时间计划表（包括需要开发的流程、实施开发的人员、时间节点等信息）、流程的具体实现以及各种异常处理策略	需求分析和流程定义清楚后，对实施方案进行细化分解

5.3 RPA 项目的设计开发

5.3.1 RPA 项目框架设计

整体 RPA 项目的框架设计是至关重要的，这将影响后续的实施、上线、投产等诸多细节内容。对 RPA 融入工作的流程设计如果缺乏科学、合理的规划和思考，则会导致流程复杂化、RPA 技术资源浪费等诸多弊端，从而出现部署困难、难以落地等问题。同时，企业在实施 RPA 项目的过程中，难免需要在一定程度上对原有的流程进行重塑和改造，进而对业务本身及与其关联的上下游业务流程都带来变革，因此需要妥善考虑角色分工和流程控制的重新设计。

在进行流程自动化的框架设计与开发的过程中，不仅要考虑整个系统的安全性、灵活性、稳定性和高效性，同时还要考虑后续的可延展性需求，可以结合以下几个方面来进行设计。

- ❑ 业务流程的长度、复杂度、关键流转节点、检核点、校验逻辑等内部影响因素。
- ❑ 机器人运行时间、运行时长、运行环境等外部影响因素。
- ❑ 需求衔接、本地化参数与配置、风控与恢复机制、结构化开发、快速拓展需求、全局性维护。
- ❑ 参数配置安全、信息存储安全、信息传输安全、网络端口与访问安全、物理环境安全、日志安全、代码安全、账号密码安全等。

在流程执行的前、中、后三个阶段将设计思想贯穿整个流程，具体说明如下[⊖]。

⊖ https://www.sohu.com/a/335667910_676545

（1）流程执行前

进行大量的环境检查和分析，包括输入文档、配置文件、初始运行环境状态等。

（2）流程执行中

1）根据流程运行涉及的系统、流程执行节点、流程长度等因素对整个流程进行切分，以确保不同功能模块的低耦合性。

2）充分考虑未来业务的增长或拓展，预留衔接位置。

3）梳理常见业务的异常状态和可预见的系统异常状态，将其按照异常类型、后续影响、特殊性等维度进行分类，在关键节点进行异常捕获，根据异常的不同类型进行不同的自动化流程指向，以确保异常发生时能够及时停止、及时跳过当前子流程并继续运行，或者尝试重新执行。

4）对贯穿整个流程的关键数据节点进行质量检查及信息反馈，以提高整个自动化流程的质量。

（3）流程执行后

按需进行执行结果的反馈、运行环境的恢复，以及所有与运行相关数据的备份和归档等，以保证后续流程的正常运行，以及可对历史记录进行追溯。

5.3.2　RPA 项目开发规范

当 RPA 项目进入开发阶段时，就需要遵守一套开发规范和标准，从命名、注释、日志、配置、目录、异常等多个维度出发，应用在整个项目开发中，从而提高项目的效率和质量。

遵守开发规范不仅可以避免很多不必要的问题，而且可以减少 bug 的数量。当整个项目都按统一规范往前推进时，整个项目实施周期的各个阶段都可以从中受益。例如，从开发阶段的效率提升，到测试阶段异常情况的迅速解决，再到运维阶段的代码易读性等。此外，遵循开发规范也会提升相关代码的质量及友好性，以便于交付后进行代码管理。

RPA 开发规范的主要内容具体如下。

1. 命名规范

根据内部定义的规则进行命名，包含变量、参数、流程名、文件名等命名方式，可以遵循软件开发的编码规范。

2. 代码注释

包含流程的注释，每个活动的注释，以及业务逻辑的注释。

3. 日志记录

日志主要包含两种，即系统日志和业务日志。完善的框架中，系统日志的功能比较齐全，一般情况下不需要再次记录；业务日志则需要根据项目情况记录关键的操作。

4. 配置信息

项目所需要的配置信息应存储到配置文件中。用户账号和密码需要存储到服务器端，需要经常修改的信息也可以存储到服务器端。

5. 目录结构

需要清晰地定义项目文件夹的结构。

6. 异常捕获

需要拥有完善的异常捕获机制，包含系统异常和业务异常，并记录异常信息和截屏。

开发人员可以依靠自身的编程技能和经验来提高代码的质量，可以通过代码审查来辅助完成，对于经验不足的开发人员所编写的代码，需要通过专门的代码检查环节进行审核，并提出改善意见。

总之，遵守开发规范，并不断地完善这些规范，有助于提高 RPA 的开发效率、缩短开发周期、降低出错率、促进团队合作，以及降低维护成本，进而在最短的时间内，花最少的钱，高质量地完成 RPA 项目。

5.3.3 流程版本控制

版本控制是对软件开发过程中的各种程序代码、配置文件、说明文档等文件变更的管理，是软件配置管理的核心思想之一。有了版本控制系统，我们可以浏览所有开发的历史记录，掌握团队的开发进度，而且可以轻易地回滚到之前的版本。除此之外，还可以通过分支和标签的功能来发布不同版本的软件，例如稳定版本、维护版本和开发中的版本。

RPA 项目可以通过 SVN/GIT 等工具对代码进行统一的管理和存储，以便于进行版本控制和追溯。所有的代码都需要统一提交到 SVN/GIT 服务器上进行管理，并按照完整的流程进行操作。多人协作开发时，尽量进行模块化开发，为不同的模块开发分配不同的开发节点，尽量不要修改同一个文件。由于 RPA 流程代码的特殊性，RPA 流程代码可分为两个版本，测试环境版本和生产环境版本，代码在发布和上传 SVN/GIT 时，需要加上 TEST 版本和 PRD 版本。

5.3.4 需求变更控制

需求变更控制的目的是保证需求变更能够按照约定的流程执行，以便建立需求追踪矩阵，追踪重要的依赖关系、建立相关项之间的可追踪性，保证项目按流程变更后依然能够高效、按期完成。

无论什么项目，在实施阶段都无法保证其与初始计划完全一致，可能会遇到人员的变更、部门的变更、测试业务流程的变更等诸多无法预测的问题。由于需求的变更，项目可能会面临稳定性降低、时间延长和成本增加的风险，所以需要按照一定的流程来控制项目。当业务人员由于各种原因必须变更需求时，项目需要按照需求变更管理流程执行需求变更，梳理和确定新的需求。项目组能够根据已知的需求基线来区分已知需求、旧需求、新需求以及增加、删除或修改需求。

在 RPA 项目的实施过程中，开发人员通常会直接对接业务人员，他们经常会遇到业务人员变更需求、增加需求等突发情况。这些突发情况往往要花费不少的工作量，而且还会影响项目进度。为了避免可能造成的项目延期和投入过量的资源，可以通过需求变更控制流程，通过规范化的方式控制业务需求和项目进度。

5.3.5 文档说明

本阶段涉及的文档及说明主要如表 5-6 所示。

表 5-6　流程开发测试文档

序号	文档名称	文档说明	备注
1	系统设计说明书	包括系统架构、流程设计、参数设计、安全设计等	

（续）

序号	文档名称	文档说明	备注
2	开发规范	包括命名、注释、编码规范等	
3	项目变更清单	包括需求变更内容、提出人、批准人、变更影响等	

5.4　RPA 项目的测试部署

5.4.1　RPA 项目流程测试

流程测试是 RPA 项目上线之前的一个关键环节。完整、系统的测试有利于验证开发结果，覆盖业务场景和业务规则，规避潜在的功能性或者业务性的风险，从而保障项目的正常上线。

在流程开发完成之后，需要对 RPA 流程进行系统性的调试，以确保流程的稳定运行。流程测试是 RPA 上线之前的实战演练。在流程测试阶段，项目人员需要制订完备的流程测试方案，以保证基于 RPA 的业务流程能够正常工作，业务能够正常进行。

1. 环境准备

正常的项目实施从开始到上线，一般会经历多个环境：开发环境、测试环境和生产环境。

RPA 的运行依赖于系统环境，环境的准备至关重要。高度一致的环境可以减少许多不必要的流程配置、切换和调试时间。因为 RPA 涉及诸多第三方系统的交互，测试环境和生产环境可能在系统和数据上都存在差异，因此要尽可能地确保测试环境与生产环境的高度一致性。测试环境往往缺少数据，RPA 流程在少量数据甚至无数据的情况下，并不能很好地进行流程配置和稳定性测试，因此需要在测试环境中提供充裕的数据以供测试。

RPA 软件机器人有可能会涉及多个系统登录账号的问题，在不少系统中，不同的账号进入后因为权限不同，所看到的界面也不同，最好是在测试账号和生产账号中提供机器人的专属账号。

2. 测试方案

☐ 确定流程测试的时间和范围。

☐ 确定与配合部门的测试分工和沟通机制。

☐ 确定 RPA 实施团队的人员组成和分工，安排项目现场人员、后台支持人员、业务人员和系统人员名单。

☐ 确定测试工作计划和测试用例。

3. 测试问题跟踪与解决

RPA 软件机器人在流程测试过程中不可避免地会遇到来自软件配置、节点对接等方面的问题，项目人员需要在测试过程中对发现的问题进行持续的跟踪和记录，以此来优化流程细节，为上线试运行做好准备。通过编制"流程测试问题跟踪表"，项目人员可以及时发现流程运行中的问题，获取使用者反馈的意见，并针对意见制订解决方案，持续跟进问题的解决动态，直到问题解决、状态关闭为止。

5.4.2 RPA 项目部署上线

在测试环境中，如果 RPA 流程通过了测试，则可以选择比较典型的业务流程在生产环境中进行联机调试，以确保 RPA 流程能够正常运行和使用，并进行上线试运行。

上线前需要提前编写好上线部署方案，一个好的部署方案可以避免在进行环境转换时出现低级错误。各个环境中的地址、账号等配置信息可能会有所不同，因此需要在部署时严格按照部署方案进行相关的操作。

RPA 软件机器人理论上可以 7 × 24 小时不停地工作，但就目前的发展现状来看，几乎没有企业能够充分利用自己的机器人。从机器人的设计、调度和通用性三个方面来看，我们可以考虑跨流程甚至跨部门地使用机器人，最大化地利用 RPA 的能力。可以通过对整体流程进行评估，然后结合以下三种方式对多机器人进行分组部署。

1. 根据应用程序划分

优势：在一个环境中，可能会存在多个应用程序（如 Excel、SAP、EBS 等）。例如，流程 A 只需要在后台进行操作，而流程 B 则需要在操作界面进行操作，因此可以将 A 和 B 部署到同一个环境中，使两者互不影响，以提升资源的利用率。

劣势：当进程之间存在多个应用程序组合时，效率就会变得很低下。

2. 根据进程分组

优势：每个机器人都有自己的专用环境，不用并行运行其他的机器人，可以百分之百保证专门的机器人用于专用的流程。

劣势：可能会有机器人空闲的情况，资源的利用率会下降。

3. 混合分组

优势：相对于以上两种分组方式更灵活，可以最大化地利用机器人。

劣势：需要有明确的机器人执行排班表，包括流程业务发生时间、业务频次、业务量大小、机器人执行时长等信息，以避免机器人执行时发生混乱。

RPA 平台主要分为 RPA 控制台与 RPA 软件机器人两个部分。其中，RPA 控制台部署在服务端，而 RPA 软件机器人则可以分为服务端部署和客户端部署两种形式。对于 RPA 需求及机器人较少的项目，建议采用客户端部署的模式，由各业务人员自行管控，以此减少整体项目资源的投入。对于 RPA 需求及机器人较多的项目，建议采用服务端部署的模式，由专人统一管控。若考虑单点故障，则可以采用集群部署、负载均衡（如 F5）等方式实现高可用性。

RPA 部署架构图如图 5-5 所示，RPA 控制台与 RPA 软件机器人的服务器配置如表 5-7 所示。

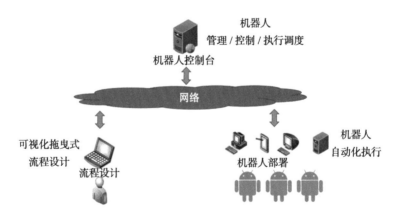

图 5-5 RPA 部署架构图

表 5-7　部署服务器表

角　色	配置规格	操作系统	IP 地址	用　途
RPA 控制台	CPU：4 核 内存：8GB 硬盘：200GB	Windows Server 2010/ Centos/Redhat Linux 7.5 及以上		可用于部署 RPA 流程任务管理后台
Robot	CPU：4 核 内存：4GB 硬盘：100GB	Windows 7 及以上		可用于部署 RPA 流程机器人

　　为了便于维护和部署前端及机器人，开发人员需要编写配置说明，并做到尽可能明确与精细。例如，对于前台机器人配置，应包括系统环境、分辨率、本地化应用、流程涉及系统等说明；对于机器人软件环境配置，应该包括 RPA 工具版本、Office 工具版本、客户系统应用版本，甚至 Java、压缩工具的版本等说明。如表 5-8 所示的是前台机器人配置表的一个示例。

表 5-8　前台机器人配置表

系　统	名　称	版　本
系统环境	操作系统	Windows 10
	分辨率	1920 × 1080
	Chrome 浏览器	76,0,3809,100
	IE 浏览器	IE11 及以上版本
	Java	JDK/JRE 1.8.1
	Python	3.7.4 及以上版本
	MySQL 数据库	8.0.15 及以上版本
	Microsoft. Net Framework	4.6.1 及以上版本
应用程序	Microsoft Office	2016
	Adobe Acrobat Reader	2017
	Foxmail	7
	CuteFtp	8.3

（续）

系　统	名　称	版　本
业务系统	万得 Wind	18.4.1
	SAP	750
	用友 NC	V6.5
	金蝶 EAS	V1.0

5.4.3 文档说明

流程测试部署所涉及的文档及说明主要如表 5-9 所示。

表 5-9　流程测试部署文档

序号	文档名称	文档说明	备注
1	测试方案	包括测试用例、测试计划、相关环境负责人等	
2	测试问题跟踪表	包括对问题的描述、优先级、反馈人员、反馈时间、解决方案、解决负责人、预估解决时间等	
3	测试报告	包括测试内容、问题及解决情况、测试结论等	
4	部署方案	包括部署服务器、时间计划、部署内容、责任人、回退方式等	
5	上线投产报告	包括部署内容、部署结果、验证内容、验证人等	

5.5　RPA 项目的持续运维

5.5.1　标准操作程序

RPA 上线后，要保证 RPA 系统的持续运行，需要编写使用运维文档，这是保证流程顺利实现自动化并持续稳定运行的关键，运维支持机制的建立和知识资产的传承将为 RPA 在企业内的持续运行提供保障。

不同的业务部门对 RPA 流程具有不同的需求，如何满足不同的需求是对 RPA 系统运维的最大考验。

以下问题常常出现在 RPA 项目的运维阶段。例如,是否可以自由地添加机器人客户端;如果 RPA 中止,应该如何继续上次的运行;如果业务流程发生了更改,那么之前的 RPA 流程应如何进行修改和适配等问题。

针对系统运维阶段业务需求的增改,涉及的需求梳理、设计开发、测试部署等工作,可以通过 RPA 软件机器人运行标准操作程序(Standard Operation Procedure,SOP)手册来指导和规范运维操作,形成有效的需求及问题解决机制,并为 RPA 的推广和实施奠定基础。

5.5.2 运行效率报告

从长远来看,企业需要制订相应的运营计划、管理计划,定时查看 RPA 软件机器人运行的效率报告,这些管理措施对于企业日后提高工作效率都有极大的帮助。RPA 是一种企业能力,企业需要专注于培养核心机器人运营团队的技能,让每个人都参与进来,在业务部门和 IT 部门之间建立可靠的关系。这个过程必将是一个持续的过程,透明的管理和合理的规划非常关键。

通过对已上线 RPA 流程进行效率分析,企业也可以逐步在其他部门或环节进一步推进 RPA 的实施,如表 5-10 所示。

表 5-10　流程效率统计

业务流程名称	运行频率	RPA 前人员数	RPA 后人员数	RPA 前人工投入(小时)	RPA 后人工投入(小时)	节约时间/年(小时)
收货/发货/台账	每天	5	1	15	0.2	5 402

（续）

业务流程名称	运行频率	RPA前人员数	RPA后人员数	RPA前人工投入（小时）	RPA后人工投入（小时）	节约时间/年（小时）
供应商对账	每天	4	1	12	1	4 015
发货差异反馈	每天	2	1	8	1	2 555
物流费用申请	每月1次	1	0	6	0	72

5.5.3 运维联系人

RPA 项目在运维过程中需要对接多方人员，包括各业务部门、数据中心、开发中心等。因此运维人员需要提前确认好业务和技术人员的分工及职责（如表 5-11 和表 5-12 所示），以避免 RPA 项目出现问题时无法及时解决。

表 5-11 运维业务联系人表

流程名称	对应部门	业务负责人	职 责	联系方式
×××业务流程	财务部			
×××业务流程	物流部			
×××业务流程	人事部			

表 5-12 运维技术联系人表

单位	部 门	联系人	职 责	联系方式
×××	科技部			
×××	开发部			
×××	运维中心			

5.5.4 文档说明

运维阶段涉及的文档及其说明如表 5-13 所示。

表 5-13 运维文档

序号	文档名称	文档说明	备注
1	移交说明书	包括系统业务流程说明、内外部系统逻辑说明、代码、过程文档等	
2	用户手册	包括系统管理后台使用说明、流程操作维护说明等	
3	维护手册	包括部署环境、软硬件清单、系统备份和恢复步骤、常见问题等	
4	应急技术恢复手册	包括系统启停步骤、主机故障、存储故障、数据库故障等故障应对机制、应急恢复步骤等	
5	运维问题跟踪表	包括对问题的描述、优先级、反馈人员、反馈时间、解决方案、解决负责人、预估解决时间等	
6	RPA 标准操作程序	在运维阶段发生 RPA 流程需求时,对流程进行可行性分析、实施开发、测试部署的一套 SOP	

本章主要从 RPA 项目实施的需求规划、设计开发、测试部署、持续运维四个阶段阐述了企业如何切实有效地实施和落地 RPA 项目。科学的实施方法可以从各个方面推进项目快速、准确、高质量地完成,确保项目顺利落地,方便后续的运维和优化。RPA 系统技术是核心要素,但深入理解并辨别客户需求,基于客户的业务逻辑和目标,协助客户重新设计嵌入 RPA 的工作流程,保证科学性、合理性、稳定性、扩展性与可持续性更为重要。

RPA 项目环境千变万化,RPA 实施时要根据实际情况随机应变,灵活处理,通过对业务需求的理解、对业务流程的熟悉,以及对实际情况的判断和分析,对本实施方法进行优化,最终形成一套适应自身实际情况的实施方法,整个流程实施起来才会更加顺利,才能使 RPA 更好地提高工作效率,提升业务附加值。

RPA 与企业财税自动化

　　根据业内的普遍认知，我国的财务管理已经历了电算化到信息化的发展阶段。我国财务管理电算化阶段于 1979 年开始，其特点是企业利用小型数据库和简单的计算机软件取代了部分人工会计核算工作，初步实现了计算机辅助处理从工资核算、固定资产核算、成本核算等单项核算到账务处理的转变。电算化阶段的财务软件和财务人员的工作基本上是分离的，本质上，信息技术并没有改变财务处理的流程和基本的组织结构，只是用软件实现了部分处理环节的自动化。

6.1　企业财税业务发展现状

6.1.1　企业财税业务的发展

20 世纪 90 年代，ERP 的诞生和计算机网络的普及使财务管理进入了信息化阶段，企业开始利用强大的数据处理能力和网络传输能力对业务管理和财务管理进行初步整合，开始实现对财务信息的快速处理和实时共享，能够跨时空处理和利用财务信息，财务管理逐步实现了从核算型向管理型的转变。财务信息化强调人机工作的协调和配合，信息技术已成为优化和再造财务管理流程乃至业务管理流程的工具。

自 2005 年以来，财务共享服务模式在国内逐步普及，财务信息化的进程在 OCR、移动通信、云计算和大数据等技术的大力推动下取得了突破性的进展。尽管如此，处于财务信息化阶段的财务共享服务，仅借助标准化和流程化即可为财务转型提供数据基础、管理基础和组织基础。财务共享服务主要针对的是财务会计流程的信息化处理，并未实现业务活动流程、财务会计流程和管理会计流程的全面智能化。

进入 2010 年以后，由于人工智能技术的突破性进展，业界结合高性能计算能力和大数据分析技术，为沉寂已久的机器推理、专家系统、模式识别、机器人等技术赋予了很多新的应用场景。业界对基于神经网络和遗传算法的机器学习进行了深入的研究，并雄心勃勃地提出了新一代人工智能的发展目标。

在财务领域，随着大数据、云计算、人工智能等信息技术的出现和逐渐成熟，财务管理面临着新的机会和挑战。财务预测决策、财务风险管控以及财务成本管理等有了更先进的算法、模型和工具。数据处理技术可以汇集更全面的数据，商业智能和专家系统能够综合不同专家的意见，移动计算可以帮助财务人员随时随地完成管理工作，财务机器人可以实现财务管理活动的自动化操作，现代系统集成技术可以消除业务、财务和税务等之间长期形成的信息和管理壁垒。由此可见，以人工智能为代表的新一代信息技术的发展为财务管理带来了新的发展契机，并且正在使财务从信息化向智能化方向进行转变。

相对于财务信息化阶段注重于财务和业务信息的整合，以及信息的快速处理和实时共享，财务智能化阶段更注重于企业各类信息的处理效率、效益和智能化程度。利用 RPA 和机器学习、专家系统等技术可以实现财务处理的全流程自动化，以降低成本、提高效率、减少差错。基于神经网络、规则引擎、数据挖掘等技术自动实现财务预测和决策的深度支持，可以提升财务预测及决策的科学性和实时性。这一阶段再造的不仅是流程和组织，还会在更高层面上对企业管理模式和管理理念进行再造。

6.1.2　智能财务的概念

关于智能财务，学术界并没有普遍认可的权威定义，参照业界的一般理解我们可以将智能财务定义如下：智能财务是一种新型的财务管理模式，是基于先进的财务管理理论、工具和方法，借助于智能机器（包括智能软件和智能硬件）和人类财务专家共同组成的人机一体化混合智能系统，通过人与机器的有机合作，完成企业内复杂的财务管理活动，并在管理中不断扩大、延伸并逐步取代部分人类财务专家的活动。智能财务是一种包含业务活动、财务会计活动和管理会计活动的全功能、全流程智能化管理模式。

相比较于传统的纯人工财务、电算化财务和信息化财务，智能财务在信息处理方面有着显著的优势：它可以借助于 RPA、模式识别、专家系统、神经网络等技术，实现自动、快速、精确、连续的财务处理工作，以帮助财务人员释放从事常规性工作的精力，转而去从事更需社交洞察能力、谈判交涉能力和创造性思维的工作。智能财务还可以借助于全面而非抽样的数据处理方式，对财务活动自动进行风险评估和合规审查，通过自动研判处理逻辑、寻找差错线索和按规追究责任，最大限度地保障企业的财务安全。

智能财务不仅仅是财务流程中部分环节的自动化，或者是某个财务流程的整体优化和再造，而且是一种财务管理模式甚至是财务管理理念的革命性变化，它借助于人机深度融合的方式来共同实现前所未有的新型财务管理功能。智能财务建立在云计算、大数据、人工智能等新技术的基础之上，它是结合企业互联网模式下的财务转型升级与创新发展的实践而产生的新形态。通过大数据技术进行建模与分析，利用人工智能技术提供智能化服务，为企业财务转型赋能，可以帮助企业打造高效规范的财务管理流程，提高效率、降低成本、控制风险，从而有效地促进企业财务转型。

6.1.3　智能财务在未来的 4 大应用场景

智能财务的发展趋势主要取决于企业的实际应用需求、智能技术的发展、智能财务系统的研发速度，以及智能财务的相关政策、法规和文化的匹配度等方面。

我们可以利用未来可能会出现的应用场景来描述智能财务的应用趋势。在这些应用场景中，有些可能已在部分企业中投入使用，有些可能尚且处于概念阶段，还有一些只是一种应用的可能性。

1. 财务核算全流程自动化系统

财务核算全流程自动化系统以智能感知、数据爬虫、OCR、电子发票、移动支付、RPA、自然语言理解、基于知识图谱或处理规则的专家系统、会计信息标准以及神经网络等技术为基础，该应用场景中的部分功能已在一些先进企业中得到局部实现。

在财务核算全流程自动化系统中，系统支持电子凭证和非电子凭证的智能化处理，可实现财务凭证处理的前置化，即实现业务事件（而非财务人员）对财务处理流程的驱动。企业借助于更智能的财务软件和更灵活的信息工具可以实现账务处理的全过程自动化。在财务信息输出的环节，系统将利用更细的颗粒度来描述自动处理的结果，并动态化、频道化、个性化地展示出相关处理报表的信息，以满足企业内外部决策者实时查询的需求。

2. 智能财务决策支持系统

智能财务决策支持系统基于数据挖掘、神经网络、知识图谱、遗传算法、BRL、大数据分析、对话机器人、智能预警、智能诊断和虚拟展示等技术，运用数量经济学、模糊数学、信息论、控制论、系统论等理论和工具，是一种面向财务预测、控制、分析与决策一体化的应用。

在智能财务决策支持系统中，系统将结合基于规则的财务专家系统和基于神经网络的机器学习算法，利用战略预测与决策、战略计划与控制、财务分析与报告、绩效考核与评价等方面的模型和方法，对企业运行的财务数据和经济宏观数据进行实时的自动监控、采集、挖掘和分析，为企业经营决策提供依据，以便进行财务活动的事前预测、事中控制和事后分析。

3. 企业智能财务共享服务平台

企业智能财务共享服务平台以数据爬虫、OCR、专家系统、RPA、电子发票、电子档案、移动计算、财务云、数据挖掘、数据展示等技术为基础。实际上，该场景是财务核算全流程自动化系统和智能财务决策支持系统在财务共享服务平台上的综合应用。

在企业智能财务共享服务平台中，系统不仅实现了财务处理的标准化、集中化、流程化和信息化，更重要的是该平台利用上述技术实现了处理流程的智能化，并将服务的内容从应收、应付、总账、资产管理、费用报销、资金管理等一般事务性流程领域扩展到了税务分析、公司治理、资金运作、预测和预算、内部审计和风险管理等高价值流程领域。

4. 人机智能一体化业财管融合管理平台

人机智能一体化业财管融合管理平台以云共享、大数据处理、物联网、机器人，以及自然语言理解、深度学习模型等技术为基础，是一种基于强人工智能技术的未来应用场景。它强调两方面的融合：一是人脑智能、人工智能以及环境之间的相互作用和融合，二是企业业务活动、财务活动和其他管理活动的深度融合。

在人机智能一体化业财管融合管理平台中，由于智能化程度较高，财管人员之间的组织和职能划分将会消失，管理人员处理的是企业的综合信息，所谓的企业管理分工只是信息应用视图的划分。由于人机智能系统需要在人、机之间进行合理的任务分配，以及科学地设计两者的功能，同时还需要考虑人机智能趋势下带来的风险控制和伦理问题，因此，相对于企业智能财务共享服务平台，人机智能一体化业财管融合管理平台所描述的发展方向可能会存在一定的不确定性。

总之，智能财务是一个全新的发展领域，当前可借鉴的理论和实践相对较少，学术界、企业界和政府部门仍在不断的探索之中。可以确定的是，不管当前智能财务如何定义，它的内涵和外延一定会随着时间的变化而变化，它的体系架构也会不断地做出调整以适应技术和应用发展变化的需要。我们只有不断地跟进智能技术、财务理论、企业实践的发展，抓住每一次探索智能财务理论和应用的机会，才能在不断地试错中进行优化和演进。未来各类新技术（例如，RPA、人工智能、大数据、区块链等）都将会在智能财务领域得到极大的发展，特别是 RPA+AI 技术的结合，目前已经在各行各业的企业财税领域快速落地，并开始推动企业财税业务智能化变革。

6.2　RPA 助力企业财税业务智能化转型

AI 和 RPA 技术的发展，为企业财税领域带来了新的机遇与挑战。RPA+AI 势必会加速企业财税业务的智能化转型。人工智能经过多年的发展，在很多方面都得到了深入的应用，但是在企业数据管理和应用领域，特别是在企业内部、外部存在大量数据孤岛的情况下，单独的人工智能技术在应用中很容易出现瓶颈。在此背景下，RPA+AI 就成为构建新型数字化企业的重要技术选择之一，主要原因在于 RPA 和 AI 的结合为企业带来了两个方面的应用边界扩张。

首先，企业和组织都不是孤立存在的，需要与内外部进行更广泛的连接。企业内部存在多个 IT 系统，但是相互之间是独立运行的，因此很难实现数据互通。而存储在外部的企业资产数据（如发票数据、银行数据、纳税申报数据等）则更难以获取并应用于企业内部管理。RPA 能够有效降低成本，并且能够快速地将各个孤立的系统有机地连接在一起，从而有效地消除数据孤岛，以适应市场和组织的快速变化。

其次，企业越来越重视精细化经营和降本增效，以适应更加严苛的国际竞争环境。RPA 技术替代传统人工，可将工作时间延长到每天 24 小时，将人力资源从低效的、大量重复的工作中释放出来，转而从事具有更高智力附加值的工作。

事实上，RPA+AI 已经在国外企业和政府等各层级客户中得到了大量成功的应用，这也是最近 RPA+AI 在国内市场备受关注的重要原因。人工智能的发展赋予了 RPA 新的能力，在多样化数据采集能力、与互联网的连接能力、异构系统变化的感知和自适应能力等方面都有了极大的提升。从某种程度上可以说，RPA+AI 成为人工智能多元化应用的桥梁。

具体来说，RPA+AI 技术能够为智能财税带来哪些更新呢？

首先，财税信息化的发展奠定了 RPA 在智能财税上应用的基础。目前，企业内部的业务系统、财务系统、人力资源系统、供应链系统等多出自不同的软件供应商，这就导致将上述不同系统中的数据运用于财税核算成为一项成本高、难度大的工作。而 RPA 恰好能够很好地解决上述问题，能够快速、低成本地通过虚拟人工的方式对这些异构系统进行关联，通过业务财税一体化系统，满足企业经营过程中的各种需要。

其次，票据数字化的发展趋势也加速了智能财税的快速发展。能够采集各类票据数据是智能财税发展的前提，RPA 在票据采集方面具有非常强大的能力，结合 OCR 技术、智能捕获、图像识别、文本抽取以及交叉验证等 AI 技术，可以将各类票据数据获取的准确率提升到近乎 100% 的水平。

最后，企业对于财税合规性要求的提高使得智能财税成为必然选择。2016 年 8 月，金税三期在全国各企业普及后，我国税收的监管手段得到了极大的提高，税收数据在征收管理中得到了充分的运用，税务部门能够运用高效的信息化手段发现企业经营及财税管理中存在的问题，而纳税人由于缺少必要的企业内部税务信息管理系统的支持，很难适应和达到税务合规性的要求，从而为企业带来了本该避免的财务和税务风险。RPA+AI 技术能够方便地连接内外部系统，自动化获取、归集和管理属于企业自身的数据，利用数据分析技术，有效地防范风险，避免因政策理解错误、人员操作失误而造成不必要的损失。

所有企业都面临着控制成本、提高生产力的压力。在许多企业的财务部门中，类似费用报销、纳税申报、增值税发票开具、发票验真以及报表统计入账等工作的执行，通常需要大量的人力和时间来处理。特别是那些纳税主体较多的集团型企业，由于纳税申报的数据来源不同（例如，来自财务信息系统、开票软件等），手工操作工作量极大。如今，RPA 已广泛应用于手动操作性强、工作重复性高、时间耗费量大的财税工作。RPA 将重新定义财税工作的内容，并对员工重新进行分配。RPA 利用机器人替代员工，处理大量重复又耗时的工作，从而释放团队的能力，进而提高员工对财税业务流程的认知，使他们能够将更多精力专注于那些能为企业创造更多价值的工作上。

6.3 RPA 在企业财税领域的应用场景

目前，RPA 技术在财务领域的应用已经相对比较成熟，对于企业来说，为达到成本效益最大化、有的放矢地部署 RPA，必须要明确 RPA 是否适合企业自身的业务流程，以及哪些业务流程及业务场景更适合应用 RPA 软件机器人。

在 RPA 技术的基础上，财务机器人能够在特定的流程节点代替传统人工进行操作和判断。

6.3.1 财务机器人的适用标准

1. 基于标准化规则操作的业务

财务机器人模仿人的行为，通过已有的用户接口来完成重复性的工作流程，实际上是按照既定规则执行的自动化，并非实质性的智能自动化，这种财务机器人仅适用于规则明确、标准化程度很高的流程。标准化流程往往意味着低附加值，如接收票据、审核、出具报表等工作。一些经营活动如评估和决策，既不是判断，也很难用规则进行定义。业务逻辑判断依赖于人工经验，因此财务机器人在这方面的表现相较于人工略有欠缺。

2. 处理结构化、数字化的信息

财务机器人比较擅长于对大量结构化、数字化的数据和信息进行识别和处理。在输入端可结合 OCR、语音识别、NLP 等认知技术，将外界信息转化为计算机可以处理的信息，再交由机器人进行后续处理。比如，OCR 技术可以将纸质的财务机器人凭证发票、账册、合同的信息扫描到计算机里，并识别为结构化的电子信息，然后交给机器人去记账、出具报表；语音识别技术则可以帮助机器人识别、接收人的语音指令，甚至从人的语音信息当中识别出数字信息并进行处理。

3. 处理大量重复的规则流程

采用财务机器人处理业务需要投入一定的人力与资金，因此适用于机器人处理的流程必须投入产出比合理。首先，财务机器人应当被用于大容量数据的计算、核对、验证、审核判断等工作。这部分流程如果由人工操作，那么出错率和人力成本将会显著增加。其次，流程应当具备重复性，必须要有明确的、可被数字化的触发指令和输入内容，流程不得出现无法提前定义的特殊情况（例如，每日大量的交易核对和费用单据的审核）。典型的财务共享服务中心常见的流程里也有不少业务处理环节都具备高度标准化、高度重复性的特点，这些特点比较符合财务机器人的适用标准，因此机器人软件在财务共享服务中心有着广阔的应用空间。

6.3.2　企业财务共享中心的业务流程

《2018 年中国共享财务领域调研报告》的调研结果显示，企业的财务共享服务中心的现有业务流程覆盖情况如图 6-1 所示。

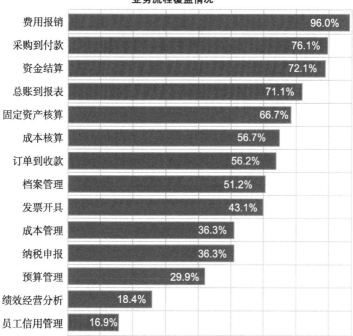

图 6-1　财务共享服务中心业务流程覆盖情况

在图 6-1 所示的 14 项财务业务流程中，排在前五位的业务及覆盖比例具体如下。

❑ 费用报销：96.0%。

❑ 采购到付款：76.1%。

❑ 资金结算：72.1%。

❑ 总账到报表：71.1%。

❑ 固定资产核算：66.7%。

这几类业务发生比较频繁且容易标准化，是共享服务中心发展过程中形成的典型业务，最容易实施。财务共享服务中心通常也会承担一些税务职能，例如集中开具发票（43.1%）和纳税申报（36.3%）。

此外，调研结果显示，流程标准化和集中化是财务共享服务中心保证流程处理质量最主要的措施，如图 6-2 所示。

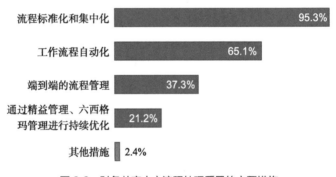

图 6-2　财务共享中心流程处理质量的主要措施

流程管理是财务共享服务中心的重要能力，是提升服务效率、持续优化的重要保障。对财务共享服务中心而言，无论是业务变化、问题导向、绩效要求，还是系统优化，都不可避免地会带来流程再造的需求。成熟运营的财务共享服务中心通常设有专门的流程优化团队，并且建立了长效的流程优化机制。

6.3.3　适合应用财务机器人的业务流程

　　财务机器人的应用场景有两大要点：大量重复（让 RPA 的实现变得有必要）、规则明确（让 RPA 的实现变得有可能）。财务机器人适用于大量重复且有明确规则的流程，在受调研的企业中，应用 RPA 最多的业务流程依次为账务处理、发票认证、发票查验、银行对账、费用审核和发票开具等，如图 6-3 所示。

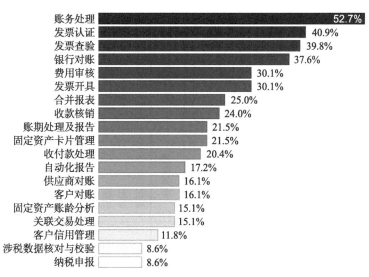

图 6-3　财务机器人在财务共享中心的适用流程

　　共享服务中心处理大量标准化的财务流程，为财务机器人的应用提供了良好的环境和天然的场景。根据我们对行业的观察，RPA 在财务领域的应用常见于如图 6-4 所示的 12 个场景。

费用报销	采购到付款	订单到收款	固定资产管理	存货到成本	总账到报表
• 报销单据接收 • 自动化费用审核 • 自动付款 • 账务处理及报告	• 应付发票处理 • 采购付款 • 供应商对账 • 供应商主数据维护 • 供应商资质审核	• 销售订单录入和变更 • 发票开具 • 返利管理 • 客户对账与收款核销 • 客户主数据维护	• 资产卡片管理 • 资产变动管理 • 资产账龄分析	• 成本统计指标录入 • 成本与费用分摊 • 账务处理及报告	• 关账 • 标准记账分录处理 • 对账 • 单体报表 • 合并报表

资金管理	税务管理	档案管理	预算管理	绩效管理	管控与合规
• 银企对账 • 现金管理 • 收付款处理 • 支付指令查询	• 纳税申报准备 • 纳税申报 • 增值税发票开具 • 发票验真 • 涉税会计入账及提醒	• 票据接收和快递管理 • 扫描 • 电子归档 • 电子档案查询	• 预算的编制和生成 • 预算执行情况监测 • 预算报告创建	• 产品效益分析 • 客户收益分析 • 资本收益分析 • 经营分析标准化报表	• 出具管控合规报告 • 财务主数据管控

图 6-4　RPA 在财务共享中心的常见应用场景

6.4　RPA 在财税领域的应用实例

6.4.1　费用报销审核机器人案例

1. 案例背景

某商业银行在几年前已经完成财务共享中心的建设，财务共享中心需要对全行所有下级分行、支行、分理处等上百家下属机构的财务报销业务进行集中审核。负责财务报账工作的财务工作人员每天会收到几百笔的财务报销单据，财务报销审核的工作需要根据银行财务管理标准和报销审核规定，对上千张纸质餐饮票、交通票、住宿票、高铁票、机票等报销凭证和报销单进行一一审核。随着银行业务规模和人员规模的不断扩张，由此带来了财务报销审核工作量大、工作内容重复、工作烦琐枯燥等问题。该银行希望通过引入财务机器人代替传统的人工报销审核操作，以提升财务报销审核的处理效率，节省员工宝贵的时间和精力。

2. 财务报销审核自动化解决方案

为了解决报销业务流程的痛点，该银行采用了 RPA+AI 的财务报销自动化审核解决方案。利用财务机器人重构了其财务报销的业务流程，极大地提升了财务报销处理的业务效率。该银行报销流程中的财务机器人的具体运作步骤如下。

❏ 运用 OCR 技术，自动识别报销凭证和报销单里面的信息，提取发票、交通票、住宿票、高铁票、机票里面的字段内容以及报销单里面的人员姓名、时间、地点、费用等关键信息。RPA 软件机器人自动登录税务总局增值税发票查验平台，填写登录信息，查询发票真实信息，并自动进行发票相应字段信息的比对,从而实现对发票真伪的自动查验。

❑ 基于 NLP 技术,对报销凭证和报销单里面的报销金额进行标准判断和自动校对,对差旅时间、住宿日期、乘车日期进行自动审核,对交通工具级别(如飞机舱次、高铁、火车座位级别)和人员级别进行自动审核。在完成财务报销自动审核的基础上,RPA 可自动生成当天的报销审核汇总表,以 Excel 的形式对审核通过和不通过的结果进行分类汇总。对于金额较大的发票,也可以采用 RPA 与员工相互协同的工作方式,工作人员可以对自动生成的审核汇总表进行再次复核,从而有效确保财务审核结果的准确性。

❑ RPA 自动登录企业邮箱,将审核通过的报销单、报销凭证扫描件、电子报销单以及当天通过审核的报销汇总表(包括每个人的报销单流水号 + 员工号 + 初审结果 + 报销经费总额等)用邮件方式发送至财务领导复审,将审核不通过的报销业务及其原因说明,也以邮件的形式发送至对应公司员工的邮箱。

图 6-5 所示为财务报销审核的传统处理流程与采用财务机器人后的智能化处理流程的对比。

全天候待命的财务机器人能够自动检查待审批的报销单,提取其中的发票图像,完成发票识别、真伪校验、信息输入等工作,并自动生成自然语言的审批意见,最后通过邮件反馈给申请人和财务人员。通过票据的影像化、结构化、数据化,企业对费用的内审管控可在线高效、便捷地完成。

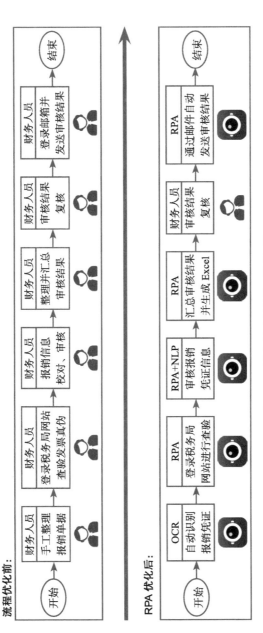

图 6-5　财务报销审核的处理流程对比

3. 报销流程自动化收益

通过采用 OCR+NLP+RPA 的智能财务解决方案，该银行财务共享中心实现了 7×24 小时处理财务报销审核工作，平均每天完成约几千张发票的自动校验与审核，效率提升 500%，发票识别的准确率提升至近 100%，审核的精细度、时效性都得到了大幅度提升，也有效降低了人力成本和管理成本。除了带来实际的业务价值，也极大地提升了银行智慧金融建设、科技创新发展的水平。

6.4.2　发票订单核对机器人案例

1. 案例背景

对于某大型电商平台来说，财务业务管理中的发票到付款流程非常关键，因为涉及大量的供应商对接工作，以及大量的人工对账工作和团队沟通工作。在传统的手动处理流程中，该电商平台的财务人员需要花费大量的时间来梳理发票、核对发票与销售订单的一致性，并需要及时处理付款事宜，如果无法保证按时给供应商付款，将会带来一定的供应风险。

该电商平台采购部每年要从数千家供应商采购商品，这些交易每年会生成约 200 万张发票，采购部必须及时处理这些供应商发票，按月给供应商支付相应的款项。公司财务部以电子方式接收供应商开具的发票并支付资金，但有时会因为发票与采购订单之间信息不一致导致财务部门无法按照发票上的金额及时支付。要消除这些流程障碍，必须投入大量的人工筛查和核对工作，会严重影响付款效率，从而导致供应商的供货效率受到影响。

2. 发票与订单核对流程自动化

该电商平台采购部通过采用发票与订单自动核对财务机器人实现了发票与采购订单的核对流程的自动化。为了做好实施准备，该公司首先对发票与订单核对流程的每个步骤进行了详细的动作研究和流程拆解，以设计最具可行性的解决方案，针对企业的业务特性，打造最适合于自己的自动化财务机器人，从而提高财务机器人的价值、效率和生产力。

发票与订单核对流程自动化项目的具体实施步骤如下。

（1）对发票与订单核对流程进行流程动作拆解，设计流程图，包括现有的业务流程和未来可能会变更的流程，以增强该财务机器人流程设计的适用性和流程调整的灵活性。

（2）梳理该流程中需要核对的数据集和核对校验规则，确认数据采集的可行性，以及核对规则的可行性方案。

（3）进行流程自动化的 POC 测试。通过 POC 初步验证该流程各环节中的数据采集的完整性并核对规则的准确率。

（4）开发发票与订单核对流程机器人，机器人将自动识别并匹配发票和采购订单之间的价格和数量。匹配的订单自动流转至付款流程，以进行下一步付款处理；不匹配的订单或有异常的订单自动派发给人工处理，并为采购商的下一步行动提供建议，以便解决未结发票的问题。

3. 发票与订单核对流程自动化的收益

该电商平台采购部利用发票与订单核对财务机器人完成了大量的重复性任务，为采购部门和财务部门的工作人员节约了大量的时间和精力，提高了发票到付款流程的处理速度，规避了财务风险，加强了财务管控力度，向供应商付款的效率得到明显的提升，供应商对公司的财务效率的满意度也大幅提升。

- ❑ 发票与订单核对流程自动化后，机器人代替人工完成了95%的发票与订单核对工作，只有不到10%的发票需要人工处理。
- ❑ 极大地加快了处理发票的速度，缩短了发票的周转时间，每张发票的处理周期从32分钟缩短到了90秒。
- ❑ 发票与订单核对流程全天候进行，极大地提升了产能。
- ❑ 有效地规避了人工查验的疏漏和风险，提高了发票到付款流程的处理质量。
- ❑ 实现了发票与订单核对结果的自动化流转，审核通过的订单自动流转到付款流程，审核未通过的订单自动流转到人工处理，实现了业务处理链条的打通和业务流程的无缝对接。

6.4.3 自动开票流程机器人案例

1. 案例背景

某汽车制造商在中国大陆拥有超过2万名员工，其家用汽车在中国市场的年销量超过60万台。随着企业的市场规模不断扩大、销售业务不断拓展，公司财务部门专职负责开具销售发票的员工每月需要收集全国700多家直营门店和经销商的数万份销售记录，并按照购车客户的需求开具5000余张专项增值税发票。每到月末，财务部门经常需要加班到深夜，工作量是平日的3～4倍，以保证月结工作顺利完成。

2. 开票流程自动化

该公司已有较为完善的财务信息化系统。在开票的过程中，财务人员需要收集并识别符合开票标准的汽车销售单类型，再根据客户购车信息选择特定金额的销售单，从财务系统中完成开票操作，并将开票完成的记录回传至财务系统，才能从系统中导出待开票的数据，财务人员对导出的开票信息进行人工校验后，导入发票管理系统进行开票操作。

开票操作主要涉及销售订单的信息收集、开票信息的采集和确认，以及财务系统开票流程的流转工作。为降低开票操作对人力的依赖，提高财务部门人员配置的合理性和有效性，该公司基于如下标准，采用自动化处理技术和 RPA 优化了财务的开票流程。

- ❑ 对复杂流程的优化和改造。在充分了解客户需求、全面梳理业务流程的基础上，对复杂的业务流程执行优化、顺序调整或合并操作，减少人机交互次数，缩短跨部门、跨业务的等待时间。

- ❑ 将简单流程进行标准化。在对复杂业务进行拆分并形成模块化流程的基础上，对于简单的流程，规范操作步骤、定义执行标准、统一管理模式，以期获得最佳运营效率和规模效益。

- ❑ 标准操作流程自动化。在开票操作环节结构化、操作步骤规范化的基础上，进行机器人的设计、开发和测试工作，并记录自动化运行的结果，以期达到将财务人员从重复性劳动中解放出来的目的。

- ❑ 通用业务处理智能化。从销售端的开票信息录入，到开票信息与销售订单的关联，再到营销系统与财务系统的数据同步，实现开票需求的一站式自动流转与无缝连接。结合 RPA 的应用，以期通过自动化手段提升企业的智能化管理水平。

3. 开票流程自动化的收益

开票流程实现自动化以后，该公司提高了财务部门人员配置的合理性和有效性。财务工作人员变成了机器人的管理者，原有的大多数开票操作都可以交给机器人自主完成。机器人可自动读取开票需求、自动校验开票信息并完成开票操作，财务工作人员只需要在发票打印完成后审核和盖章。运用 RPA 之后，每个销售订单的开票流程由 20 分钟缩减到 5 分钟，每个全职员工每天的工作时间可缩短 6 小时，效率提升 75%。在月末关账的峰值时段，机器人 7×24 小时的不间断工作能够很好地缓解财务人员的工作压力。

6.4.4 自动报税流程机器人案例

1. 案例背景

国内某知名券商是中国证监会批准的全国性综合类证券公司，在日常的运营工作中，公司的督导保障部、交易管理部、客服中心、清算交收部、运营管理部、业务处理中心、财务部等都存在大量的重复性人工劳动，财务部门的问题尤为突出。

随着公司业务规模的不断扩大，该券商在全国各地的子公司数量不断增加，目前已有几十家子公司，纳税主体较多。随着金税三期政策的实行，税务局对于增值税发票管理的要求越来越严格。该企业每月进行税务申报的税票种类繁多，有的报税作业还需要分别登录不同地区的税务系统，过程十分烦琐，业务效率较低。

该企业正面临着如下业务痛点。

（1）报税科目多且易出错

❑ 税务申报工作需要总部的财务人员登录不同省市的税务申报系统分别进行报税，涉及多系统交互操作，工作量大，出错率非常高。

❑ 由于需要申报的税种科目多，涉及的税务报表类型非常多且报表逻辑非常复杂，报税操作所需要的数据源存在于不同的系统中，人工从系统中导出数据并加工处理的工作量非常大。

（2）重复性工作多且处理效率低下

❑ 因涉及几十个子公司的税务申报工作，大部分子公司的税务申报工作统一由总部财务人员处理，因此税务计算流程重复率极高。

❑ 报税数据通过人工进行数据的对比和编辑，数据采集的工作量较大，人工处理容易出错，报税数据需要反复校验。

❑ 报税操作流程之间存在相互依赖关系，下一个流程依赖上一个流程，如果某一个环节出错，就需要多次校验，从而导致整体处理效率降低。

❑ 要完成几十家分公司的全税种的报税工作，每个月需要300多个小时的工作量。

2. 报税流程自动化处理方案

该券商公司对公司总部和各子公司的报税业务进行了详细的

梳理，制订了报税流程自动化机器人的实施策略，将报税业务流程拆分为"数据采集、报表制作、数据校验、自动申报"四个业务环节，基于拆解后的业务流程设计并开发了自动报税财务机器人，通过 RPA 代替了原有的人工报税操作。

原有的人工报税流程具体如下。

1）财务人员从 ERP 或其他财务系统中获取税务数据；

2）按照不同的税种和各子公司所属地区不同的申报要求，制作申报表格；

3）通过人工方式根据统一制订的审核逻辑进行申报数据的审核与校验；

4）登录各子公司对应的税务网站并手动填入对应的数据，提交纳税申报。

采用自动报税机器人后的自动化处理步骤具体如下（如图 6-6 所示）。

1）通过 RPA 机器人从 ERP 系统或对应的财务系统中自动导出税务数据。

2）RPA 机器人根据不同的税种申报要求和税务报表规则自动整理数据，生成申报表格。

3）RPA 机器人根据标准的审核逻辑进行申报数据的初审校验，再通过人工进行简单复核。

4）RPA 机器人自动登录各个税务网站并自动完成相关税务数据的填入、复核和申报。

3. 报税流程自动化的收益

❏ 提升税务申报效率

　　该券商每月的总报税时间从原来的 300 多小时降低至 20 小时，效率提升了 90% 以上。

图 6-6　自动报税机器人工作流程

　　❑ 降低业务出错率

　　在大数据量处理方面，RPA 机器人相较于人工处理有极大的优势，可以提高报税流程处理质量，规避因人为错误而导致的返工，机器人处理的准确率可达 100%。

　　❑ 降低成本

　　数十家子公司的纳税申报过程几乎不再需要人工参与，极大地降低了企业在财务方面的人力成本，让员工把时间投入到更有价值的工作中去。

6.4.5　财务报表流程机器人案例

1. 案例背景

　　国内某大型国资企业在全球各地拥有 20 多家子公司，公司业务主要包括供应链、地产、金融、制造业和新兴产业等五大板块。公司总部在若干年前就打造了一个高度一体化的核心业务系统，旨在支持海内外各级分支机构的统一信息化管理。公司总部每月需要汇总各分公司、子公司的财务数据并上报至国资监管机构。对于大型的跨国企业来说，一份集合了各子公司及分支机构的合并财务报表的诞生需要经历复杂的工作流程：从最开始的数据催收、查阅汇率、科目余额汇总、合并抵销，到最后的财务报告生成以及财务核对校验……这些繁复的操作对财务人员来说虽然枯燥，但又必须执行。

2. 合并报表自动化流程

在实施 RPA 之前，该企业的财务报表合并统计工作完全靠手工处理，公司总部财务会计部每月需要向各分公司和子公司的财务人员催收该月报表，经过手工汇总、合并抵销处理，最终完成该月的合并财务报告。由于涉及大量的数据采集、数据汇总、汇率换算、差额核验工作，因此这一过程需要耗费财务人员大量的时间。

财务机器人的应用使得财务数据汇总工作的效率得到了很大的提升。该企业了解到 RPA 机器人在财务数据处理方面的强大能力之后，详细梳理了财务会计部的业务流程，经过评估，选择了规则明确、频率较高、人工用时较长的月度财务报告流程，对其进行流程自动化改造。

该企业的财务人员在 RPA 业务专家的指导下，梳理出 6 个可进行自动化操作的步骤，包括系统数据的导出和处理、邮件数据的催收、非电子化财务报告的数据处理、数据汇总及合并抵销、汇总财务报告生成、汇总财务数据上报。经过 4 周时间的 RPA 流程开发和流程测试，RPA 机器人实现了上述 6 个步骤的流程自动化，具体说明如下。

❑ RPA 机器人从财务系统中导出所需数据，并根据规则完成汇率数据和当月境内外合并数据的处理与计算，计算出期末余额，然后财务机器人对结果进行检查。

❑ RPA机器人在每月初自动向各子公司的财务人员发出催收邮件，并实时监控收件箱，收集各子公司报送的月报文件。

❑ 对于部分境外子公司提供的非电子化财务报告，RPA机器人调用OCR处理组件对财务报表进行自动化解析，使之转换为电子化财务数据。

❑ RPA机器人对子公司报送的数据进行汇总，并根据抵销规则生成合并财务报表抵销分录。

❑ RPA机器人根据生成的数据形成当月财务报告。财务人员根据监管要求将当月的财务汇总报告定时上报至国资监管机构。

3.财务报表流程自动化收益

运用RPA机器人后，该企业的财务合并报表的处理效率得到极大提升，财务报表处理机器人在大约45分钟的时间内完成了原需3960分钟的工作量，效率提升了98.7%（如图6-7所示）。RPA机器人为该企业自动完成了月度财务报表汇总的全业务过程，财务数据汇总工作由原来的全人工操作转变为全机器操作。财务机器人在合并报表流程中的应用，使报表数据能够自动汇总和合并抵销，实现了财务报表的全自动生成，极大地缩短了财务报告的生成周期。通过对RPA机器人的有效应用，企业进一步提升了财务流程的自动化和智能化水平。

流程名称	子流程名称	人工执行时长
财务报告月报流程	系统数据导出及处理	约 120 分钟（2 小时）
	邮件数据催收	0 天人工跟踪
	数据汇总及合并抵销	约 2400 分钟（5 天）
	财务报告生成	约 1440 分钟（3 天）

图 6-7　机器人与传统流程执行效率对比

6.5　RPA 对企业财税工作的 3 大影响

　　财务共享服务是财务领域的一次革命，是财务智能转型的第一步，同时也为财务机器人的应用提供了良好的运行环境和实施基础。自动化技术改善了流程，提高了运营效率，财务机器人可替代人工执行大量基础且重复的任务，推动财务向数字化、自动化和智能化发展。财务机器人在企业中的大规模应用，对财务的工作模式、财务组织以及财务人员均产生了极大的影响。

　　技术能否取代人类？各方的探讨与实践给出了该问题的答案：仅从事基础工作的财务人员处境堪忧，而复合型财务人才将在企业中发挥重要的价值。因此，财务人员必须完成自身的转型与再造，才能更好地帮助企业经营，支持战略决策。

6.5.1　推动工作观念变革

　　观念变革的重要性并不亚于技术变革，但观念变革的重要性往往很容易被忽视。观念变革既是技术变革的产物，也是推动技术变革的基础。财务机器人的运用改变了财务原有的工作方式，促使财务人员树立新的工作观念，包括时空观与工作模式观，具体说明如下。

❑ 弱化工作时间限制：RPA 财务机器人能够 7×24 小时提供服务，以提高财务工作的时效性。同时，RPA 技术的可扩展性不再受业务量峰值和谷值的影响。例如，一般情况下，会计在月末的数字处理工作量比平时大，财务机器人服务能力的可扩展性避免了不同时段工作量差异的影响。

❑ 减轻对纸质凭证的依赖：RPA 财务机器人可以跨越系统完成数据和文件的检索、迁移、输入等工作，减少了线下流程，消除了基于纸面的信息传递，减轻了财务对纸质凭证的依赖。

❑ 减少人工操作：RPA 财务机器人在大量的基础任务中代替了人力劳动，实现了流程节点的业务处理自动化。随着人工操作的弱化，财务的自助式服务或将成为常态，企业对便捷、及时的财务服务提出了更高的要求。

❑ 实现信息传输数字化：财务数据在信息传递的过程中会经过从交易到凭证、凭证到明细账、明细账到总账、总账到报表等多个环节。传统工作模式难以避免对纸质媒介的依赖，而财务机器人的应用则实现了将以纸质媒介为载体的数据，转化为结构化数据的功能，数据的转化既降低了纸质媒介流通所固有的时间成本、人力成本、办公成本等，又提高了数据的时效性和完整性，保证了数据的准确性。

6.5.2　推动财务组织架构变革

财务机器人的应用会带来组织结构的变化。财务组织中会出现新的技术团队和业务团队：机器人流程处理团队和人工业务处理团队，两者之间分工协作，具体说明如下。

- ❑ 机器人流程处理团队：规则明确的基础财务业务交由机器人处理，而没有明确规则的业务则交由人工判断，即作为例外事项转由业务团队处理。企业可以建立一支机器人流程团队，负责机器人的管理和日常运维工作。
- ❑ 人工业务处理团队：人工业务处理团队主要负责辅助和拓展财务机器人的工作，处理财务机器人无法解决的例外事项，对机器人出具的报告进行解释和说明，同时还要审核和检查机器人的工作。

6.5.3　对财务人员的要求提升

未来财务变革的核心驱动是技术和人才，两者相辅相成、相互促进。财务智能化的发展并不意味着就要弱化人的作用，人才仍是驱动企业财务转型的关键要素，只不过是对人才的素质和技能提出了更高的要求。埃森哲《数字化转型：CFO 新使命》调研了我国的 100 家企业，超过 90% 的财务高管表示迫切需要填补财务人才上的缺口，未来两年需要更多的精通数据分析和预测的人才、具备跨职能部门知识的人才、善于与业务部门构建合作关系的人才。大部分企业的财务高管希望未来能在以下三个方面发挥更大的影响：参与商业模式创新的规划与实施、建立新业务下的财务标准和政策；为企业提供深入的数据分析；企业新业务的布局和数字技术应用。

企业在选择部署 RPA 时应选择合适的应用场景，财务机器人适合处理基于标准化规则、不涉及主观判断的业务，适用于大量重复和有明确规则的流程。典型的财务共享服务中心的常见流程里不少业务都具备高度标准化、高度重复性等特点，符合 RPA 财务机器人的适用标准，因此 RPA 财务机器人在财务共享服务中心有着广阔的利用空间。财务机器人可用于费用报销、订单到收款、采购到付款、固定资产管理、存货到成本、总账到报表、资金管理、税务管理、档案管理、预算管理、绩效管理、管控合规等流程。其中，在费用报销、采购到付款、总账到报表、税务管理等流程上，RPA 财务机器人的运用已经较为成熟，其可极大地减少企业的人力投入、降低风险，高效支撑企业的业务发展和经营决策。

可以预见的是，RPA 将逐渐扩展应用层面，成为未来智慧型企业不可或缺的一部分，并在企业财务管理变革中发挥更大的辅助作用。

RPA 的出现既是机遇也是挑战。从机遇方面来看，财务机器人推动了财务观念的变革，成为财务人员创新和转型的重要工具，改变了财务的组织架构，促使财务人员从事更具价值的工作。从挑战方面来看，结合 RPA+AI 的财务机器人和新兴技术的发展，使企业对财务人员的要求不断提升，企业要求财务人员更加精通专业、擅长管理、懂得信息技术、通晓业务，以及具备更加长远的战略眼光，财务人员更需要主动拥抱变革并重塑知识结构，以完成自身的转型与再造。

|第7章| C H A P T E R 7

RPA 在金融行业的应用

目前,银行、保险、证券、资产管理等所在的金融行业是 RPA 应用最成熟的领域,相关技术在全行业中已经得到了广泛且深入的应用。本章对金融行业的发展现状、面临的痛点和应用场景分别进行了介绍,列举并分析了 RPA 技术的具体应用案例和应用价值,探讨了 RPA 技术如何助力金融机构实现全方位、深层次的数字化转型。

7.1　金融行业的发展现状与挑战

在宏观环境的影响下，金融行业的发展面临着诸多挑战。麦肯锡在《全球银行业年度报告 2016》中指出，"在数字化时代，银行正在失去其赖以生存的客户关系。预计到 2025 年，受数字化技术的冲击，银行的消费金融、支付、财富管理和房屋抵押贷款业务的利润将分别下滑 60%、35%、30% 和 20%。"银行业的发展前景令人担忧。

2018 年，我国的 GDP 增长了 6.6%，虽然达到了 6.5% 的发展目标，但却是自全球金融危机以来的最低水平。在我国经济由高速增长阶段向高质量发展阶段转变的时代背景下，金融体系在向高质量发展转变的过程中，银行、保险、资产管理等主要行业板块面临着增长放缓与分化严重的挑战。

2017 年至 2018 年，金融行业核心指标的增长显著放缓：商业银行的平均净利润增速远低于 2014 年之前的水平，大部分银行难以实现双位数增长；保险行业 2018 年的保费收入仅增长 4%，远低于 2017 年同期的 18%；资管市场也告别了 2013 年至 2016 年年均 41% 的高增速增长阶段，2017 年管理资产规模仅增长 7%，2018 年管理资产规模出现负增长。

图 7-1 所示的是 2011 年至 2018 年我国商业银行不良贷款余额及不良贷款率的数据[⊖]。

国家统计局的数据显示，2011 年至 2018 年我国商业银行的不良贷款余额和不良贷款率均呈现明显上升趋势。其中，商业银行不良货款余额从 4279 亿元增长到 20 254 亿元，年复合增长率

⊖　数据来源：国家统计局。

24.87%；不良贷款率从 1.00% 上升到 1.83%。这些数字体现出我国传统的金融机构不够重视系统和流程的建设，监测违约风险的能力还有待加强，风险管控领域面临诸多挑战。

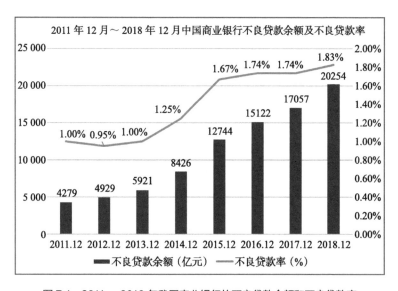

图 7-1　2011 ～ 2018 年我国商业银行的不良贷款余额和不良贷款率

对当前的金融行业来说，席卷全球的数字化变革既是服务、模式、生态等领域面临的严峻挑战，又是行业重塑的重要机遇。无论是储蓄、支付还是信贷业务，在这场数字化革命中，其渠道和管理模式等都发生了深刻的变化。抓住发展机遇并借力实现数字化转型，将利用新兴技术更快速和便捷地服务于客户，突破依靠物理网点和密集人力连接客户和提供服务的局限，将新技术融入金融机构的核心，这些将成为新时代的核心竞争力。

在数字化浪潮的冲击下，我国金融行业的发展面临着三大痛点，具体阐述如下。

第一，工作效率低。金融行业中处理流程类工作的传统软件更多的是基于整体工作进行设计的，数据库操作、报表操作、数据计算等依然需要人工完成。人工需要应对软件中大量的事务性流程工作，工作效率亟待提高。

第二，人力成本高。在人口红利逐渐消失的背景下，金融行业中仍有许多重复、简单、烦琐的事务性流程工作需要大量的人力来完成，企业的人工成本压力越来越大，需要更多自动化、智能化的技术赋能行业，以实现降本增效。

第三，合规需求高。应银保监会要求，在传统的人工业务操作中，客户风险等级评估、客户预约、客户信息登记、风险提示、购买、审查审计等业务环节的业务合规需求相对较高。

我国金融行业的信息化起步较晚，目前仍处于成长阶段。大中型金融机构的信息化建设依然处于中等水平，对数据的挖掘和应用不充分。小型机构的信息化建设正处于高峰期，城商行、证券公司、中小型保险公司等的信息系统的更新和升级非常频繁。在经济转型的大时代背景下，传统金融机构与互联网企业争相布局金融科技领域，注重金融的数字化升级。

传统金融机构迫于转型的压力，纷纷在业务布局上作出调整。在银行业，多家银行先后成立金融科技子公司，以推动金融科技的研究、应用和业务创新；在证券业，券商积极成立金融科技创新实验室，研究金融科技在证券行业的创新应用；互联网企业则纷纷创立金融科技品牌，阿里巴巴依托蚂蚁金服布局金融科技，京东金融变更为京东数科，强调金融科技的核心地位，腾讯将腾讯金融科技作为主打金融业务的品牌。

据艾瑞咨询的统计数据显示，2018 年我国各类金融机构的技术资金投入已达 2297.3 亿元，其中投入到大数据、人工智能、云计算等前沿科技领域的资金为 675.2 亿元，占总体投入比重的 29.4%。预计到 2022 年，中国金融机构的技术资金投入将达到 4034.7 亿元，其中前沿科技领域的投入占比将增长到 35.1%，如图 7-2 所示[⊖]。

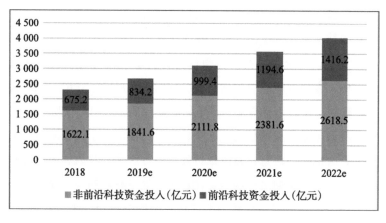

图 7-2　2018—2022 年中国金融机构技术资金投入情况

目前，我国的金融科技取得了一定的成绩，但与以美国为代表的发达经济体相比，我国金融科技在硬件材料、设备、工艺、软件、基础理论、底层技术、核心研发和精工人才等方面仍存在一定的差距。从银行业的情况来看，国外的银行在金融信息化方面的应用已经比较广泛和深入，逐渐成为探索金融科技前景的主

⊖　数据来源：艾瑞咨询《2019 年中国金融科技行业研究报告》，图 7-2 中的"e"代表预测值。

力军；国内的银行在这方面还普遍处于探索、尝试的起步阶段。金融行业正面临着全新的挑战和机遇，如何把握金融科技的发展趋势，将新科技和金融业务有机融合，提升综合实力和科技创新能力，已成为目前金融机构面临的重要课题。

7.2 RPA 在金融行业的应用场景

7.2.1 RPA 在银行业的 11 个应用场景

银行业正在经历一场史无前例的变革，与过往数字银行的概念不同的是，这一波变革以用户体验为核心，从业务体验到渠道体验全面优化和升级，在支付、信贷等各个方面重新定义银行的服务。在此过程中，RPA 发挥了极其重要的作用。银行业的业务流程和报告流程的重复性强、规则明确，因此较容易实现流程自动化。同时，由于 RPA 还具备追溯记录的能力，因此其在合规上具有特殊的优势。

下面介绍银行业务中 11 种常见的 RPA 应用场景，以展现 RPA 技术在现实中如何帮助银行降本增效。

1. 针对外部公开网站的客户信息验证

银行贷款的审批和处理环节需要对客户提供的数据进行彻底核实。在 RPA 财务机器人的帮助下，在政府网站（如中国人民银行征信中心、车管所或社保查询系统）上核实客户数据的用时大大降低，甚至在几秒钟内即可完成，在降低误差风险的同时将处理成本降低了 30% ～ 70%。

2. 开户

自动纠错机器人可以预防客户的开户请求与核心银行系统之间的数据转录错误，其不仅可以精准地消除下游的错误数据信息，还提高了系统数据的质量。与手工操作相比，该过程更简单、更精确、更高效。

3. 贷款审批

通常情况下，贷款审批会花费大量的时间。对于急需用钱的客户来说，这是一个漫长而又让人焦急的过程。审批流程中间需要经过各种审查，比如征信信息、社保缴纳、就业情况、资产状况等。客户或银行方面的任何一个小错误，都可能会拖慢审批流程的进度。RPA 技术可以省去在不同银行系统之间复制和粘贴客户数据的工作。通过 RPA 技术，贷款审批的处理时间从 30 ~ 40 分钟减少到 10 ~ 15 分钟。软件机器人仅用传统人工操作三分之一的时间，就可以完成从文件准备、估值，到风控审批全流程的工作，而且操作过程更准确。借助 RPA，银行可以根据设定的规则和算法加快审批速度，以提升效率和准确性。

4. 反欺诈 – 欺诈检测

在数字化转型的大背景下，以欺诈行为为代表的网络安全问题是现代银行发展的突出问题。在传统的反欺诈管理中，银行主要依赖于专家的专业经验，通过人工方式制订检测规则，若申请或交易信息与反欺诈规则相匹配，则执行相应的业务策略。随着新技术的出现，欺诈行为的数量只增不减，银行很难逐笔检查每笔交易的真伪并手动识别欺诈行为，因为这需要跟踪数量庞大且正在不断增长的转账交易来进行监督和管理。

在 RPA 技术的支持下，24 小时不间断工作的机器人能够全面、实时地跟踪所有交易，及时发现潜在的欺诈行为，大大降低响应的延迟时间，从而将欺诈行为的影响降到最低。同时，机器人可以用"if-then"方法识别潜在的欺诈行为并将其标记给相关部门。例如，如果在短时间内进行了多次交易，那么 RPA 机器人会识别该账户并将其标记为潜在威胁。这将有助于银行仔细审查账户并调查是否存在欺诈行为。在特定情况下，机器人甚至可以在预防欺诈方面发挥作用，通过早期检测，执行冻结账户和中断交易的操作。

5. 信用卡审核

在传统的信用卡审核流程中，银行的风控人员常常需要花费数周的时间来验证客户信息和批准客户的信用卡申请业务。漫长的等待时间逐渐降低了客户的满意度，引发客户的抱怨，甚至导致客户取消申请，这也会给银行增加巨大的人力成本。

在 RPA 智能机器人的技术支持下，可以实现同时、快速、跨系统收集客户的信息，更快地验证申请材料并进行信用检查和背景调查，最后根据客户资质的设定参数给出审核结果，整个流程都得到了完美的简化。银行信用卡的审批速度得到大幅度提升，客户申请可以在短短几个小时内处理完毕。在实际应用中，由于是否通过审核的决策完全取决于预定的规则，因此，在可行的条件下，机器人甚至可以处理信用卡审核全流程的业务。

6. 应付账款

应付账款的业务流程包括提取和验证供应商信息，然后处理付款。在这一业务流程中，可以通过 OCR 技术对供应商的发票进行数字化处理，直接从物理形式（实物、照片、扫描件等）的发票中提取相关供应商的信息字段并复制，机器人将根据系统中已有的数据检查和核对这些信息，然后处理付款。RPA 机器人可以自动执行此过程，在出现差异时及时通知相应的管理人员，核对无误并验证成功后自动将付款记入供应商的账户。

7. 客户服务

银行的客服工作人员，常常需要在较短的时间内提供账户查询、欺诈、贷款查询等多种客户服务，需要在与客户通信的同时，在多个应用程序之间进行切换，收集相关的重要信息并即时反馈给客户。

借助 RPA 技术优化服务流程，可以显著减少客户信息的验证时间，有助于提升客户的服务体验。同时，RPA 智能机器人还可以支持客服员工的多任务工作，使得他们能够更好地响应客户的需求。在 RPA 技术的支持下，客服团队能够更高效率、更高质量地提供客户服务，从而将更多的精力专注于需要人类智慧的高优先级客户服务上。

8. 智能推荐

银行理财主要面向银行已有的客户，为基金等理财产品提供销售渠道。RPA 可以结合相关的前沿技术，基于银行对用户画像数据的积累，通过每个用户的不同标签和定位，分析每个用户的需求，形成"千人千面"的个性化智能推荐，深度挖掘客户价值，激活沉睡客户。

9. 总账

银行必须确保其总分类账的所有重要信息均保持更新状态，

包括财务报表、资产、负债、收入和费用等信息。这些信息可用
于编制银行的财务报表，以供公众、媒体和其他利益相关者查
阅。编制财务报表需要从多个独立系统中获取大量的详细信息，
同时，确保总账的准确率也是至关重要的。RPA 机器人可以帮
助串联不同的系统以获取信息，同时进行验证并在系统中进行更
新，正确率可以达到 100%。

10. 自动生成报告

作为合规工作的一部分，银行需要准备一份关于其各种流程
的报告，提交给董事会和其他利益相关者，以展示其业绩。考虑
到报告对银行声誉的重要性，需要确保其没有任何错误。RPA 软
件机器人可以从不同的来源收集信息、验证信息，并按一定的格
式撰写和编排，最后发送给合适的阅读者，出错率极低。

11. 关账流程

银行可以使用 RPA 软件机器人向客户发送自动提醒，要求
他们提供关闭账户所需的证明。银行每个月都需要处理大量的数
据，人为错误的范围也会因此而扩大。RPA 软件机器人可以在短
时间内基于 set 规则处理队列中的账户关闭请求，准确率可达到
100%。其也可以被设置用于处理异常账户，从而使员工能够将
精力专注于更有价值的工作上。

RPA 融合人工智能技术，赋能银行的各个运营和管理环
节，可以显著提升客户体验，助力银行获得更多的竞争优势，如
图 7-3 所示。

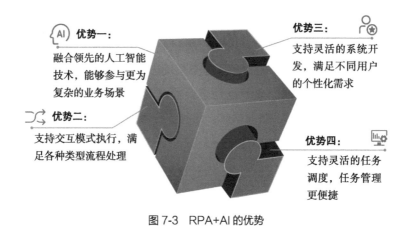

图 7-3　RPA+AI 的优势

7.2.2　RPA 在证券行业的 6 大应用场景[⊖]

目前，大部分证券公司普遍存在自动化程度不足、容错率低、业务监控不全面、数据统计和分析能力薄弱等痛点。随着数字经济的发展，证券公司越来越注重自动化、智能化创新技术的应用，纷纷步入更高效能的科技转型发展之路。

在证券行业，RPA 可以应用于具备明确规则的操作，例如，自动开闭市、开市期间监控、定期巡检、业务清算、资管系统操作、托管系统操作、柜台交易系统操作、零售系统操作、财务系统操作、生成报表、报表报送、发送反馈信息等。同时，在证券经营机构开展市场风险管理、信用风险管理、反欺诈、反洗钱、征信、客户身份识别、客户关联关系挖掘等工作的过程中，RPA 也将发挥核心作用。

⊖　参考资料：https://cloud.tencent.com/developer/article/1488006 和 http://www.sohu.com/a/333411243_120144862

1. 业务清算

业务清算是证券公司运营的重要业务环节，日间交易需要实时处理，但日终清算需要在晚间统一处理。营运中心清算组需要在不同的系统、表单数据间切换，以完成数据采集、拆分、合并等任务，还要根据清算系统的提示和反馈进行人工校验。晚间清算业务占 80% 的清算业务工作量，不仅操作步骤烦琐、涉及业务系统广、操作风险大，而且对准确率和时间都有较高的要求，这些都为清算人员带来了巨大的工作压力。如果对现有业务清算系统进行系统改造，又面临着技术难度大、建设周期长、成本高等问题。

RPA 清算机器人可以顺利解决这些难题。RPA 清算机器人能够模拟鼠标点击、键盘输入、复制粘贴等常见电脑操作，这种非侵入式的模式能够在不影响原有 IT 基础架构的前提下完成数据的集成和操作，从而让日间操作和清算等工作自动完成。在实际应用中，RPA 可以高效地完成大约 60% 的人工清算操作任务，这既提高了清算的效率，又保证了操作的准确性，降低了操作风险，将员工从烦琐、重复的劳动中解放出来，以创造更高的价值。

借助 RPA 清算机器人，可以实现清算过程的自动化。监控体系与清算自动化操作的有效结合，可以真正实现清算的规范化监控、操作和管理，从而全方位地确保清算工作安全、稳定、高效地进行。

2. 日志迁移

证券公司要对每天的工作日志进行严格的管控，IT 部门的员工每天都需要统一、定时执行日志备份任务。RPA 机器人可以自动执行备份任务，员工只需花费少量的时间对备份结果进行复核，大大地提高了工作的效率。

3. 校验文件

营运中心清算组员工需要查验数据文件的完整性，实时关注扫描脚本以获取数据情况，在数据全部收集完成后进行清算工作。由于数据收集的时间不统一，人工等待耗费了大量的时间，逐个扫描脚本也会耗费大量的人力。

RPA 实施之后，RPA 智能机器人可以在规定的时间内自动扫描文件，自动获取和接收数据，数据收集完整后再自动进行语音播报，提示员工进行下一步操作，以节省宝贵的时间和精力，大幅提高员工的工作效率。

4. 估值处理

估值处理业务需要与数据检查和估值清算深度融合，目前大部分证券公司的数据检查和估值清算均处于分隔状态。估值岗根据数据岗的文件完整性提示，通过人工完成清算处理工作，选择对应的产品，点击估值系统的数据读取、转账等按钮，操作高度重复。

RPA 估值处理机器人可以融合数据岗提供的数据检测逻辑来判断每个产品的数据文件的完整性，下一步就是对数据完整的产品执行清算、转账、生成估值表等操作。RPA 可以记录操作过程并汇总报表供用户查询和判断。RPA 估值处理机器人的应用实现了数据和估值的连续性处理，以数据为基础，让估值工作自动化。

5. 自动开闭市与开市期间监控

RPA 机器人可以自动检查开市需要启动的系统、数据库、应用程序是否正常运转，还可以在开市期间进行实时监控并及时反馈结果。

6. 定时巡检

RPA 系统机器人可以定时巡检系统性能、数据库、应用程序并生成反馈报表。

7.2.3　RPA 在保险行业的 3 大应用场景[⊖]

如何在创造有活力、高增长的业务的同时，统筹管理风险并降低成本，是目前保险行业面临的重要挑战。大多数保险公司内部的企业应用程序都已长达十年到三十年之久，至今未开发出新的符合客户需求的功能和系统。在经济效益的驱动下，保险行业也必须做出改变。保险业务的流程复杂，员工需要在很多系统中来回切换，以便在承保、管理保险索赔和风险分析方面开展业务。这一过程往往会消耗员工大量的时间与精力。如今，RPA 正在改变保险公司开展业务的方式，助力保险业在各个方面实现降本增效的目标。

1. 法规和合规备案

保险业是世界金融监管机构关注的焦点。保险公司必须定期与所在地区的不同金融服务机构、政府机构和专业标准机构展开合作。根据该地区的规定和义务，保险专业人员需要根据日常运营、非标准行动和基本业务交易创建并发送数十万份文件和通知。这些工作都具有较高的重复性，因此都可以使用 RPA 机器人自动完成。

⊖　参考资料：http://www.sohu.com/a/330485200_120172341

2. 申请和索赔处理自动化

面对每日大量的保险申请与索赔要求，保险专业人员需要从各种文档中收集信息，手动完成表格录入，并将信息提供给不同的系统，创建不同的内部请求，以实现业务流程的滚动。索赔处理是一个相对比较耗时的业务操作过程，传统的人工操作难以及时响应客户提出的索赔要求，保险公司必须寻找更好、更快、更准确的方法来评估和更新索赔文件，否则会引发投保人的不满情绪。RPA 可以实现这些重复工作的自动运行和处理，并满足较高的细节要求，高效准确地完成工作。引入 RPA 保险理赔机器人来接管这些任务可以为保险专业人员节省宝贵的时间和精力，仅在新自动化业务出现异常需要人工干预，将每个事务的平均处理时间减少到若干分钟以内，极大地提升了业务处理的效率。

3. 取消保单更易于操作

取消保单一般需要在电子邮件、保单管理系统、CRM、Excel 和 PDF 等不同的系统和文件之间进行交互操作，流程烦琐且相对比较耗时。RPA 保险理赔机器人可以同时在所有交互之间自动切换，而无须手动操作，运行既简单又快捷。

与其他 IT 技术相比，RPA 保险理赔机器人的操作风险相对较低。由于 RPA 的非侵入特性，应用机器人时不会损害公司原有的核心保险流程，也不涉及组织范围的变更和管理，只受个人用户桌面设置的影响，可以直接安装在员工熟悉的电脑桌面上，以方便员工快速了解和使用机器人。

RPA 技术在保险领域的应用，颠覆了保险业以往的运营性质，极大地改善了后台流程和客户体验，同时还能为保险公司节省大量的成本。

7.3　RPA 在国内外金融机构的应用

目前 RPA 的应用场景主要集中在财务、供应链、人力资源、客服等企业的中后台部门。Gartner 的研究显示，2018 年全球 RPA 的开支大约为 6.8 亿美元，同比增长 57%，预计到 2022 年将达到 24 亿美元，85% 的大型和超大型组织都将部署某种形式的 RPA。

RPA 在金融机构的应用覆盖了大范围的业务场景，例如，流程的自动化和整合、后台自动化、贷款、薪资管理、人力资源操作自动化、质量和服务改进，以及标准交易自动化等。银行业庞杂的遗留系统与业务的发展需求不匹配，导致大量的系统与系统、数据与数据之间必须通过人工协调，形成了许多"衔接性"的工作流程。这些高流量、重复的、趋于风险和失误的流程是 RPA 应用的首选，它们分布在银行的各个业务条线的前台、中台、后台。咨询机构 Juniper 预测，到 2022 年，银行和金融服务行业将占据全球 RPA 市场的 34%。

7.3.1　RPA 在国外金融领域的应用

在金融行业，国外的金融机构早已在不同的领域中进行了 RPA 的试点工作，积累了丰富的经验并取得了令人瞩目的成绩。

法国兴业银行已将 RPA 应用于投资银行部、人力资源部、财务部、合规部，将大量常规工作自动化。工作人员在白天专注于分析和决策环节的工作，晚间由 RPA 软件机器人自动工作，提升了流程的标准化程度，降低了运营风险，提升了客户体验。

波兰银行通过 RPA 应用实现了银行系统的流程自动化和整合，

使流程管理得到了改进，降低了运营风险，在未改变现有 IT 系统的基础上成功实施了 RPA。流程的执行速度提升了 2 ～ 5 倍，个人成本节省达 85% 以上，有望节省 16% ～ 20% 的全职员工人力。

澳新银行是澳大利亚的四大银行之一，业务遍布全球 33 个国家。澳新银行引进 RPA，旨在让运营流程的管控机制更灵活，提高数据输入的正确性，使员工从单调重复的事务劳动中解放出来。应用 RPA 后，机器人一年节约的工作量相当于 300 位全职员工的年工作量总和，降本幅度高达每年 300 万美元，在多达 20 个领域实现了整体作业流程的自动化。澳新银行在其贷款业务、薪资管理、人力资源等方面实现了 RPA 的高效应用，推动了整体后台流程的优化，获得了立竿见影的效果。

印度 AXIS 银行已经将 RPA 运用到 ATM/POS 运营、零售贷款、结算等业务场景中。其数字化转型采取了三步走的发展策略：首先进行流程优化，然后进行移动办公改造，最后进行自动化及人工智能变革。通过 RPA 应用，ATM 对账周期从 T+2 变成 T+0，并且能够实时解决交易纠纷，更快地响应客户；零售信贷的支付周转时间降低了 10%，并且还能实时设置和核准贷款的担保、费用等，可以 7×24 小时无缝批量处理客户大规模资金的业务请求；清算处理涉及的 ECS 内部授权实现了批量请求和异常报告的实时处理；全面实现人力节省、营收提升、客户满意度提升三大目标。

新西兰合作银行在 12 个月内将 10 个流程实现了自动化，员工需求从 11 个降低到 2 个，审计流程用时从 6 ～ 7 小时降低到 1 分钟内，每小时的销户数从 12 个提高到 200 个，实现了客户服务水平、流程速度、准确率的提升。

　　此外，德意志银行、巴克莱银行、摩根士丹利等银行也先后
将 RPA 技术运用到实际的业务场景中。德意志银行在贸易金融、
现金运营、贷款运营领域进行了流程自动化改造，整体作业流程
超过 30% 实现了自动化，大幅降低了员工的培训时间。巴克莱
银行将 RPA 应用于欺诈识别、风险监控、贷款申请，节约了大
约 120 位全职员工一年的工作量，坏账准备金减少了 1.75 亿英
镑。在摩根士丹利银行的个人房屋贷款和小企业贷款业务场景的
RPA 实践中，80% 的交易流程的时间由原来的 3 周缩短至几小
时。渣打银行对公开户业务的客户信息录入时间由原先的 20 天
骤减至 5 分钟。

7.3.2　RPA 在国内银行领域的应用

　　在国内银行业，RPA 技术已经应用于零售金融、企业金融、
同业金融、风险管理、运营管理、人力资源、信息技术等不同的
业务场景（如图 7-4 所示）。在零售金融方面，RPA 技术应用于
贷后催收、贷款产品推荐、个人失信查询等业务场景；在企业金
融方面，RPA 技术应用于对公开户、授信业务、财务报表采集与
分析、电子催收等业务场景；在同业金融方面，RPA 技术应用于
同业拆入存放、余额调节表制作等业务场景；在风险管理方面，
RPA 技术应用于监管报送、信用审批、合同合规审核等具体业务
场景；在运营管理方面，RPA 技术在指标统计、费用报销、合同
报备等业务场景中有着良好的应用；在人力资源与信息技术领域，
RPA 技术也有着不同程度的应用。

风险管理		
授信审批	贷后资金监管	监管报送
合同报备	合同合规审核	信用审批
运行报告报表	FTP 报表核对	资金调拨
供应商准入	票据报表报送	增值税核对
财税合同分析	部门常规登记	科目发生核对
网站数据采集	费用核算	指标统计

运营管理		
社保招工	公文收发	费用报销
公积金录入	社保退工	HR 学历验真
数据迁移	花名册录入	职工缴费打印
	设备运维	安全报告

人力资源

信息技术

零售金融		
巡检商品订单	贷款产品推荐	个人失信查询
商品上下架	贷后催收	信用卡 VIP 办卡
客户信息录入	快贷数据填报	信贷产品营销
集中动产登记		快贷合同制作

企业金融		
RAROC 测算	对公开户	财务报表采集
股权结构生成	授信业务	财务报表分析
电子催收	凭证复核	评级指标定性
	企业征信查询	授信发放

同业金融		
大、小额农信社查询查复	下载流程	行内报表制作
	同业拆入存放	余额调节表

图 7-4 RPA 应用于银行业的核心业务场景

226

1. 监管报送机器人

在银行监管报送领域，各银行分支机构的风险经理需要每月定期从系统下载原始数据并整合手工台账数据，按照监管要求制作数十张监管报表（比如，GF0102 贷款五级分类月报表、GF1101 行业贷款情况表、G12 贷款质量迁徙表），并向属地监管机构报送。传统人工处理方式面临着监管报表数量多、计算规则复杂、人工制作非常耗时、易出差错等痛点。在 RPA 监管报送机器人的支持下，实现了监管报表科目的自动计算和一键生成，全流程从 12 个小时降低至 1.5 小时，效率提高了 7 倍。

2. 贷后资金流向监控机器人

在银行的贷后资金流向监控业务中，各银行分支机构的贷后管理人员需要定期排查个人贷款流向，检查贷款用途的真实性，并对可疑贷款提前进行结清处理，以满足监管合规的要求。但是在操作中，个人贷款资金流向数据量大，筛选规则复杂，人工筛选耗时较长，且容易遗漏。应用 RPA 之后，可以根据交易金额、资金流向、交易时间等规则，自动筛选个人流水数据，生成可疑用户名单，以待进一步排查，提升工作效率和监控频率，以保证监控质量。

3. 征信查询机器人

在银行征信业务的发展过程中，银行也引入了 RPA 征信查询机器人协助进行授信审批。在授信审批的过程中，分支机构客户经理需要登录法院、工商、税务、裁判文书等 20 多个与企业和个人的征信信息相关的系统和网站，汇总查询结果信息，并截图保存。这一过程业务量大，涉及外部系统多，费时费力。RPA

征信查询机器人可以自动登录外部的多个征信系统或网站，获取、汇总并截图保存查询结果信息，以提升工作效率，保障征信数据的完整性，从而大幅降低人力成本，实现降本增效。

4. 对公开户机器人

在银行对公开户领域，运营管理部在集中处理 O2O 预约开户审核时，需要查询客户在国家企业信用信息公示系统（工商网）、人行账户管理系统、机构信用代码系统中的信息，并对信息的一致性进行比对，业务操作工作量大。对公开户机器人可以自动查询客户的人行账户管理系统、机构信用代码系统的信息，并自动完成人行账户管理系统、机构信用代码系统、企业工商系统三者之间的信息比对。单笔业务的审核时间从 5 分钟降低至 1 分钟以内，效率提高了 4 倍。

5. 合同信息采集机器人

在银行的内部合同处理方面，采购部门需要将合同信息录入至合同管理系统，并核对扫描件合同与电子版合同是否一致，核对无误后，提取合同关键信息填入该系统。人工核对费时费力，容易出错。RPA 合同信息采集机器人可以通过智能文本审阅平台抽取供应商合同中的关键信息，利用 RPA 自动填入合同管理系统，并校验是否有单号重复录入的情况，最后结合人工来处理异常情况，以实现流程自动化，从而大幅提升工作效率。

6. 信贷产品营销机器人

在银行信贷业务中，基于筛选出的客户白名单，信用卡中心的客服人员以电话呼叫的形式触达客户。由于呼叫成本较高，因此业务规模受到限制，触达客户数量少，营销成功率低。借助 RPA 技术，当意向客户进线时，流程机器人将自动抓取相关联业务系统的数据，实时计算客户最大授信额度，并在财务系统中自动下单并进行放款（如图 7-5 所示）。在 RPA 赋能后，潜在客户触达率可达 100%，营销成功率可提升 50%。

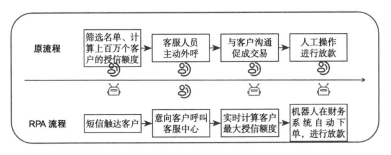

图 7-5　信贷产品营销流程

7. App 功能智能推荐机器人

银行 App 在引入 RPA+ 智能推荐技术后，增加了基于用户画像的精准推荐系统，能够构建单个用户的个体画像和具有相同属性的群体画像，打造线上和线下一体化的金融产品与服务的标签体系，进一步增加用户、产品、内容之间的关联，加强用户黏性。智能推荐机器人将银行 App 从单纯的金融属性的 App，逐步转变成具备一定社区属性的综合金融 App。

8. 财务报表机器人

在传统的财务报表业务处理流程中，各银行分支机构的客户经理需要将大量财务报表上的数百项信息手动录入到相应的企业金融系统中，并将财务信息填写到尽职调查报告里，该流程存在财务报表数量多、会计科目数值大、人工采集非常耗时、易出差错等问题。应用 RPA 软件机器人后，全流程业务的操作时间从之前的 4 小时缩短到 10 分钟以内，效率提高了 23 倍（如图 7-6 所示）。

9. 账管系统代填机器人

已经开立的账户信息需要同步手工录入银行结算账户管理系统，包括基本信息、账户信息等字段，通过人工切换不同系统进行录入既费时费力，又容易出错。RPA 账管系统代填机器人可以自动读取待填写账户列表，获取账户信息并自动上传，通过 OCR 模块进行影像信息抽取后，再自动登入账管系统中完成录入并提交。能高效、快速完成多系统间的数据迁移，大大提升了操作效率，降低了出错率。

10. 同业对账机器人

在银行的同业对账业务中，基于 RPA 技术开发的同业对账机器人取得了良好的应用效果。在传统的工作方式下，同业业务部的对账人员需要下载来自多个不同银行账户和金融机构自身财务核心系统的众多流水文件，并逐条比对，将校验不符的账目录入余额调节表，查明差额原因。银行账号和流水的信息数量较大，耗时多且易出差错，资金风险高，审计和监管风险大。

RPA 同业对账机器人可通过部署 USB Hub（免 USB 插拔），对 U Key 进行集中管控，实现流水文件自动下载、文件格式自动转换、账目流水自动比对，从而大幅度减少管账人员的工作量，100% 保障账单数据的准确性，提高资金的安全保障，满足监管和审计的要求。

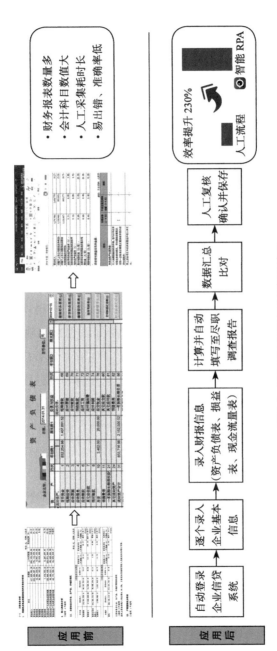

图 7-6 财务报表采集与分析场景流程

11. 设备运维机器人

在银行的信息科技部,运维人员需要定期登录安全设备管理系统,获取安全设备的管理信息,填写安全运行报告,以确保设备能够正常运行。人工操作无法做到全天候监控,存在一定的安全隐患。RPA 设备运维机器人可以自动登录系统,实时监控安全设备状态,如设备发生异常,则可通过短信或微信等方式发出预警,实现 7×24 小时全天候监控,降低运营风险。

7.3.3 RPA 在国内保险行业的应用

在国内保险行业,RPA 技术的核心赋能场景包括承保处理、索赔处理、客户运营等。其中,承保处理包括保单数据录入、保单批改、核保校验、退保处理;索赔处理包括出险审核、分析和处理索赔数据、提取索赔表单数据、生成通知书;客户运营包括运营报告制作、分红报告寄送、重复投诉客户分析、营运数据抓取。除此之外,还有监管报送、客户服务、人力资源、财务财税、法律法规、系统运维等场景。

1. 保险承保——保单数据录入机器人

保险集团下属的车险部门需要对客户提交的车险投保资料进行受理,逐个录入投保资料中需要录入至承保系统中的信息,大多数资料均为证件类扫描件,单个客户平均耗时 20 分钟以上。OCR 技术的抽取准确率无法确保能达到 100%,需要考虑进行人工核验,集中受理时,人工审核的工作量非常大。在 RPA 保单数据录入机器人的帮助下,单个客户的平均耗时缩短了 90%。

2. 保险索赔——出险审核机器人

在保险集团下属的寿险部门，当客户报案后，业务人员需要审核如下内容：出险时保险合同是否有效、出险事故的性质、申请人所提供的证明材料是否完整和有效。审核通过后，业务人员需要将理赔信息录入理赔系统，单个案件平均耗时 30 分钟以上。应用 RPA 出险审核机器人后，单个案件的平均耗时缩短了 80%。

3. 保险客户运营——运营报表制作机器人

保险集团下属的客户联系部每天需要从不同的系统中统计各类数据，然后汇总到五大类报表中，在过程中会重复执行大量的选择、下载、复制、粘贴工作，每份报表平均耗时 30 分钟以上。在运营报表制作机器人的支持下，每份报表的平均耗时缩短了 90%，准确率达 100%。

4. 保险调研——电子回访问卷质检机器人

保险集团下属的客户联系部每天需要处理大量客户的电子回访问卷，客户的问卷以 PDF 文件的形式保存在问卷系统中，业务人员需打开每个客户的 PDF 文件与电联记录，针对同一个问题的答案是否相同进行质检，每位客户平均耗时 10 分钟以上。面对上万的客户，问卷处理的工作量巨大。此外，由于质检采用的是抽样方式，因此导致问题无法全面排查。将 RPA 电子回访问卷质检机器人应用于该场景之后，每位客户的平均耗时缩短了 95%，准确率达 100%。

7.3.4 RPA 在国内证券基金业的应用

在国内证券基金行业，RPA 技术主要应用于开户审核、业务清算、数据报送及其他核心场景。其中，开户审核包括股东户、证券账户、期权账户、债券账户、基金户等；业务清算包括日终清算、QFII 清算、OTC 清算、TA 清算、集中交易清算、融资融券清算等；数据报送包括产品要素报送、场外债券数据报送、股票数据报送、期货数据报送、期权数据报送、基金数据报送等。此外，RPA 还应用于定期巡检、自动化测试、自动开闭市、开市期间监控、估值处理、灾备切换等其他场景。

下面通过三个应用场景讲解 RPA 技术在证券基金行业的应用。

1. 融资融券账户开立机器人

证券公司的营业部临柜每天都需要受理大量的融资融券开户申请，其中涉及多项纸质材料、影像件的信息录入和审核，人工处理这些业务效率低、出错率高。引入 RPA 技术后，仅需人工准备材料，之后由 RPA 开户机器人进行合规风控录入、业绩情况录入、客户关系录入、结论意见录入，最后转人工签字即可完成开户。

2. 集中交易清算机器人

业务清算是证券运营的关键环节，操作步骤烦琐、涉及业务系统广、操作风险大等特性已成为广大券商的核心痛点。日间交易需要实时处理，但日终清算需要在晚间进行统一处理，其庞大的工作量以及对准确率和时间的要求，为清算人员带来了巨大的压力。在 RPA 集中交易清算机器人的助力下，显著地提升了业务清算的效率。

RPA 集中交易清算机器人的运行步骤具体如下（如图 7-7 所示）。

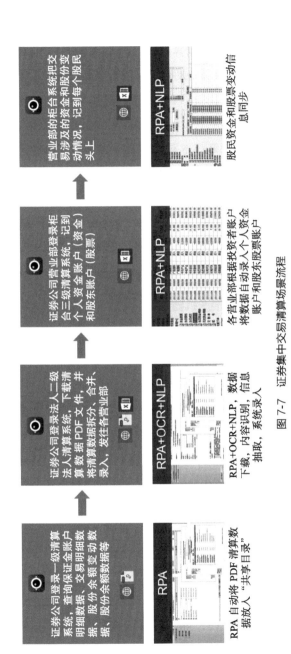

图 7-7　证券集中交易清算场景流程

（1）自动登录一级清算系统，查询保证金账户明细数据、交易明细数据、股份余额变动数据、股份余额数据等。RPA 证券集中交易清算机器人自动将 PDF 清算数据存入"共享目录"。

（2）自动登录法人二级清算系统，下载清算数据 PDF 文件。应用 RPA+OCR+NLP 技术对内容进行识别，并对清算数据执行拆分、合并、录入的操作，然后发往各营业部。

（3）自动登录柜台三级清算系统，应用 RPA+NLP 技术，各营业部根据投资者账户将数据自动录入个人资金账户和股东股票账户。

（4）应用 RPA+NLP 技术，营业部的柜台系统可以对交易涉及的股民资金和股份变动情况进行信息同步。

3. 营业部数据报送机器人

证券营业部借助 RPA 技术，实现了证券营业部数据报送的自动化，解决了数据量大、时间紧迫、审核烦琐、错报、漏报、迟报等一系列问题。

RPA 证券营业部数据报送机器人的运行步骤具体如下。

（1）自动登录浏览器，进入 CISP 数据报送平台，执行数据上报命令。

（2）确认报表期并填写《证券营业部监管报表报送问卷》。

（3）自动打开报表、填报数据、保存报表，并对报表数据进行逻辑性审核。

（4）通过线上方式将数据上报到证监会。

在当前国家监管日趋严格的环境下，以机器学习、知识图谱、自然语言处理、生物识别为代表的人工智能技术在金融风控领域的应用明显增加。越来越多的金融机构与科技公司加强合作，借助科技的力量增强自身的风控实力。从技术发展的宏观角度来看，RPA 在推动金融科技落地方面起到了过渡作用，随着 RPA 自身业务场景的不断丰富，未来金融机构对 RPA 的投入会逐渐增加。而对于金融 RPA 服务商来说，提供"RPA+ 技术"的综合解决方案会打破金融 RPA 市场的规模瓶颈，在同样的技术能力下，更懂金融业务的金融 RPA 服务商将会更具竞争力。根据艾瑞咨询发布的《2019 年中国金融科技行业研究报告》显示，2018 年至 2022 年，中国金融机构在 RPA 技术方面的资金投入将从 23.5 亿元增加到 42.5 亿元，增长率由 13.0% 上升到 19.4%。

7.4　RPA 助力金融行业数字化转型

金融业作为现代经济的核心，是国民经济中信息化与数字化应用最密集且应用水平最高的行业之一。在科技发展的背景下，金融与实体产业进一步突破信息壁垒，实现了人与人、人与物、物与物之间的互联，产生了包括个人行为数据、消费数据，企业生产数据、流通数据等在内的多源大数据，应用大数据、人工智能算法等技术进行产品创新、业务创新、模式创新、业态创新，逐步实现产业的转型升级。当前，各类金融机构纷纷开始探索数字化转型的道路，以改善金融服务的模式与效率。

以银行领域为例，其数字化转型具有三个特点：数据是基础、过程是关键、创新是核心。

数据是基础包含两层含义：第一是数据的积累与创造，银行现存数据和衍生数据都极为重要，多源化数据值得进一步探索；第二是数据的应用与驱动，在信用评估、智能风控、个性化产品定制、客户画像等方面应用数据驱动业务创新。

过程是关键是指转型过程中要统筹战略、业务、技术、文化的关系，宏观考量优化与转型、开放与融合、文化生态等要素。

创新是核心则是指结合产业特色与业务模式进行金融产品和服务创新，在丰富银行业务场景的同时提高核心竞争力。

数字化转型的关键不在于现有的数据本身，而在于搭建可靠、高效的基层数字化技术工具与解决方案，以帮助客户挖掘数据的价值，让数据真正发挥效用，实现快速、安全的业务拓展，并全面提升效率。

在人工智能、大数据、物联网、区块链等技术的推动下，数字化的理念已经逐步渗透到社会的各个领域。人们有时会把某个业务流程或者应用的数字化称为数字化转型，其实数字化与数字化转型的定义并不相同。数字化转型是指客户驱动的战略性业务转型，不仅需要实施数字化，还牵涉各部门的组织变革。换句话说，数字化转型可以理解为数字化思维，通过数字化应用，对现有商业模式、运营方式、企业文化等各个维度进行创新与重塑。

企业数字化转型的表现形式可分为信息数字化、操作自动化和流程智能化三个阶段（如图 7-8 所示[⊖]）。

在信息数字化阶段，人作为操作主体与决策主体，从处理传统的纸质文档向处理电子数据信息转变。在操作自动化阶段，操作主体由人向机器转变。在流程智能化阶段，决策主体也由人进一步发展为智能机器。RPA 软件机器人在解决登录应用、移动文件、读写数据库等自动化工作的基础上，结合 OCR 等简单的机器视觉功能，可以解决非结构化文档的数据收集与输入等问题。

⊖ 资料来源：中金公司研究部。

在不久的未来，随着 NLP 技术的不断提高，AI 从感知智能向认知智能进化，RPA 能够进一步替代人类，实现主观映射、文档分类、信息存录、聊天机器人等功能。

	人工	IT 系统	RPA	AI
处理对象	纸质文档	电子数据	电子数据	电子数据
操作主体	员工	员工	机器	机器
决策主体	员工	员工	员工	机器

信息数字化　→　操作自动化　→　流程智能化

图 7-8　企业数字化转型阶段

随着企业数字化程度的升级，企业的数字化创新历程将由规则驱动型自动化向智能自动化发展，最终实现高级认知智能（如图 7-9 所示）。

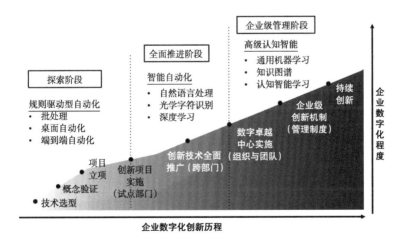

图 7-9　企业数字化程度与创新历程

在新一波科技浪潮的冲击下，席卷全球的数字化变革加速了金融业在服务、模式、生态等领域的升级换代，从而助力金融机构实现深层次的数字化转型，将前沿科技融入企业的核心竞争力。

RPA 的应用在一定程度上缓解了当前国内金融业工作效率低、人力成本高、合规需求强这三大痛点。然而，我国金融行业的信息化水平与世界发达国家相比仍然存在一定差距。在人工智能、大数据、物联网、区块链等技术的推动下，RPA 将探索更丰富的落地场景，搭建更高效、智能的基层数字化技术工具与解决方案，实现商业模式、运营模式等各领域的创新与重塑，引领现代社会的数字化转型。

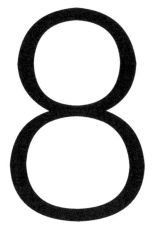

|第 8 章| C H A P T E R 8

RPA 在大型政企的应用

在新时代具有中国特色的智慧政务中，RPA 将会发挥很大的作用：一方面，它可以提高工作效率，减少基层工作人员的工作负担；一方面，它可以更好地监督基层工作人员的工作方式，以实现对国家制度执行情况的监督。

此外，在当前我国经济转型的大背景下，以能源、电信、金融等为代表的大型央企是国民经济的骨干力量，更加高效地获取并运用新兴技术成为这些企业的竞争力的重要标志。以 RPA 为代表的人工智能技术必将在以央企为代表的大型企业的智能化升级过程中扮演越来越重要的角色，成为企业实现智能化转型、重塑核心竞争力的重要利器。

8.1 政务办公的场景需求

近年来，我国经济不断发展，为了更好地改善城市投资环境和提升政府的服务能力，一些城市率先成立了一站式服务中心。随后，其他城市也纷纷效仿，建立了类似的公共行政服务中心，为地方群众和企业团体等提供集中的行政服务。

政务服务中心是政府各行政部门依据法律法规、审批权限为企业、社团、公众等提供服务的工作部门，它在保障群众利益、化解社会矛盾、促进社会和谐等方面发挥着重要的作用。

政务服务中心的建立是公共服务领域的一项重大创新，它的宗旨是为公众提供快捷、透明、高效的服务。从政府管制的角度来看，它在传统模式下开辟出了新的改革空间，具有相当大的积极意义，但是也面临着许多困难，主要表现在以下几个方面。

第一，群众办事需求的增长与办事人员不足的矛盾日益激烈。

随着社会经济的不断发展，政府部门需要处理的群众需求也在快速增长，办事流程中涉及的文件和资料也成指数级增长，数据来源更加多元。结合实际场景来看，在这些数据中，非结构化的数据占比达到了 80% 以上。但是，目前各级政务服务中心的人力有限，传统的人工模式效率较低，工作人员负担较重。

第二，工作人员需要将群众提交的各类纸质文档多次录入各级政府的业务系统中以满足监管和审批要求。这部分工作存在大量的重复性劳动，工作人员需要花费大量的时间来处理这些事项。同时，由于各种资料都是人工录入，因此录入的效率和准确率也很难得到保证，如果发生录入错误，就会导致办事延期，甚至让群众反复跑路。

近年来，党和国家大力推进"互联网＋政务服务"的建设，提出了利用新技术、新手段推动简政放权、放管结合、优化政务服务改革、加快政府职能转变的要求。

为了巩固和落实党中央和国家的部署，进一步优化和巩固线上服务与线下服务的融合成果，使二者优势互补，促进政务服务的智慧化水平不断提升，实现群众办事"最多跑一次"的目标，已成为目前政务领域最大的需求。

8.2　大型央企的需求场景

大型央企作为我国国民经济的重要支柱和基石，在产业变革和经济转型中承担着重要的历史责任和使命，同时也面对着诸多的挑战。例如，大型央企在成本控制、作业效率上面临巨大的压力和挑战，许多企业纷纷重拾 20 世纪初的精益生产管理理念，对工作流程进行优化和重塑，对人力资源进行更有效地利用，最终实现降本增效。在这一系列的变革工作中，部分企业通过诸如流程改造等项目在经营成本的控制上取得了一定的成效。

然而，重复、单调的低价值操作类任务仍然存在，员工疲于应对，无暇发挥其创造性。以南方某大型能源央企为例，业务人员在物资计划制订、物资申报、基建电子化移交、项目造价管理、施工过程管理等实际工作中存在相同的数据重复填报的情况，耗费大量人力，给业务人员带来较沉重的工作负担。

随着企业信息化的建设，大型央企陆续实现了数据服务与技术支持平台的数字化和智能化，但各个业务部门在信息系统中存在大量信息孤岛。各个信息系统之间的底层都是一个个孤立的节点，无法跨系统，耦合性较弱，并且现在无有效的技术手段对现存的业务系统进行数据提取与清理、访问控制、执行计算、创建文档和数据审核。而数据接口打通又面临高投入、难协调、周期长等困难。

另外，随着企业业务量的增多，企业内部的数据量和数据类型也在不断膨胀。企业对多源异构数据的处理能力也提出了新的要求，擅长对多源异构数据进行处理的人工智能技术也并非企业的主要研究方向。因此，设计一种具备图像识别和自然语言处理能力、基于事先梳理好的流程和规则编写并执行对应行动的科技工具，自动完成有规则的、重复的工作是十分必要的。

通过对上述场景的研究和分析，我们得出大型央企对 RPA 的需求主要表现在以下几个方面。

（1）劳动力短缺使企业面临越来越大的压力，吸引自身发展所需的人才变得愈发困难。RPA 带来的"数字员工"一定程度上缓解了企业的生产力难题。数字化劳动力可以代替人工自动读取、计算数据并生成文件和报告，完成数据的搬运和调用等工作。缓解人工压力，助力企业走出人力成本困局。

（2）尽管企业一直在进行信息化建设，但是各系统间的数据搬运却一直都由人工来完成，效率难以保证。RPA 可以将业务流程化繁为简，消除流程中的瓶颈，带来更高效的工作模式，还能有效提高工作质量，降低企业风险。

（3）烦琐的工作交给 RPA 处理，将业务人员需要付诸的精力减至最低。能够帮助员工对最原始的信息进行运算、汇总、提炼和转换，还能预测业务人员的下一步操作，并通过机器学习提供优化建议。

（4）数字员工可全天候工作，可按需使用，能高效完成重复的、可复制的、规律性的任务，人工介入少，理想状况是 100% 由数字员工完成。

8.3 RPA 与大型政企的结合点

RPA 技术与大型政企业务系统的结合点主要有：协助业务人员完成日常工作、实现不同业务系统的对接、帮助老旧业务系统升级改造三个方面，具体说明如下。

8.3.1 协助业务人员完成日常作业

在政务中心的日常工作中，业务人员经常面临的问题和亟待优化的地方主要有四个方面（如图 8-1 所示），具体说明如下。

图 8-1 政务中心现存问题

第一，窗口工作人员的日常工作中涉及大量的审批资料录入工作。涉及的字段很多，录入量大，需要耗费大量的人工。在录入的过程中还会出现重复信息多次录入、容易出错、数据无法导出、只能手工复制粘贴等问题，从而造成一线业务人员工作内容多，错误频发。

第二，行政审批包括很多种类型。例如，内部流转审批、政务专网外网数据对接；单板事项审批、企业设定审批；三级联动审批、投资项目审批等不同类型的审批。部分审批会涉及多个不同的部门，需要将审批任务下发到不同的部门中去，通过手动或者半自动的方式进行下发，一方面效率不够高，另一方面也可能会发生错误。因此，政务中心需要通过技术来实现行政审批的全流程无人流转。

第三，行政审批事项可能会涉及不同的业务系统，在操作过程中各级系统的数据无法同步，数据的状态变化无法得到及时提醒，数据上报工作烦琐。如何通过流程改造实现"一网通办"变成当前智慧政务的一个重要问题。

第四，区县级政务服务中心的各部门一般没有自建业务系统，而是统一使用省或市一级的业务系统，区县无法留存本区域所办理的业务数据，导致后期无法展开数据统计和分析等工作。

将简单重复的录入工作交由 RPA 来完成，可以极大地缓解这些问题，将工作人员从繁杂、枯燥的文字录入工作中解放出来，转而从事更高级的审核工作。

8.3.2　实现多业务系统流程对接

随着 IT 系统的逐步构建，一线业务人员要处理的业务也越来越多。有了智能化应用之后，很多一线业务人员反而会更忙。造成这些问题有很多主观和客观方面的原因，比如系统分布式的开发机制导致不同系统模块之间的协同性不够好，或者系统设计本身就有瑕疵，造成使用困难等。但是，更多时候是因为流程设置不合理，无法充分进行联动，造成业务系统使用时间成本过高，事倍功半。

在实际应用中，由于智能化管理系统的流程设置不合理，当自上而下的压力型行政系统遇到程序化的智能化应用系统之后，合规的要求会使得一线值班人员更多地被智能化系统所牵制，原本应该经过充分思考和处理才能归档的工作在"规范化、精准化、智能化"的程序设计思路中被弱化了，系统投入增加了，一线值班人员反而更忙了，实际的应用效果反而下降了，这也使得部分一线值班人员对智能化应用系统持戒备态度。

因此，在实际应用中，需要解决的一个问题就是业务系统的联动性问题。通过 RPA 业务系统，一线工作人员和业务专家可以根据实际情况自定义具体的操作流程，很好地解决不同业务系统之间数据难以打通、业务联动困难的问题。

8.3.3　帮助老旧业务系统实现智能化升级

当前，智能企业建设已经成为推进智能制造的重要抓手和着力点。大型企业根据各自的产品属性、市场规模、已有软硬件技术基础，实施不同的智能化建设思路与方案，但都是根据已有的基础稳步推进，以促进企业的数字化、智能化转型。随着智能制造关键技术应用的不断深入，以及企业设备和设施的不断完善，智慧企业建设会不断向更高的阶段发展。在智能企业建设的过程中，如何快速高效地对现有系统进行智能化改造，是一个非常重要的课题。

当前，大型政企业务系统的智能化改造主要面临以下两个问题：

一方面，原有系统亟待智能化改造，使之能够更好地适应新环境的要求；

一方面，因为老旧业务系统承载着大量的业务，所以必须保持业务系统的安全稳定运行。

旧系统使用的技术架构和业务代码相对较老，维护的时间成本和经济成本也越来越高，因此从代码层对系统进行智能化改造可能会影响现有业务的正常运行，也需要投入大量的时间成本和经济成本。因此，大型政企需要一种全新的技术，能够在不影响原有业务系统内部构造和正常运行的基础上，实现业务系统的智能化改造，RPA 可以很好地帮助我们实现这一点。

8.4 RPA 的政务办公应用场景

8.4.1 智慧政务"一网通办"

近几年，国内各级政府部门都在大力推行行政审批改革创新，越来越多的"一网通办"平台上线应用。原本需要提交上十份材料、跑好几个部门才能办完的事，如今仅需要在一个部门提交 2 到 3 份材料就能办成，大大地缩短了处理事务的时间，企业的办事效率和群众的办事体验得到了明显的提升。

申请的便利化使政府部门一线审批人员的工作压力陡增，不断压缩的办理材料和办理时限，让一线审批人员在履行政策规章要求和提升审批效率上陷入两难境地，在人员无法大幅增加的基础上，迫切需要通过技术手段来大幅提升工作效率。

针对这一问题，我们详细调研了一线审批人员的工作特点，并进行了提炼和总结，在日常审批过程中，审核人员主要关注四个方面：申请内容的完备性、一致性、合规性和真实性，具体说明如下。

❑ 完备性：类型和数量是否完备，即必须提供的材料是否完整；内容要素是否完备，即材料包含的内容和要素有没有全部涵盖。

❑ 一致性：申请材料与填报内容是否一致；材料与材料之间的关联信息是否一致。

❑ 合规性：申报内容和材料是否符合常规、常识；申报内容和材料是否满足申报条件和规章制度的要求。

❑ 真实性：申请人填报的信息和材料是否真实有效。

以为海外人员办理工作居留许可为例，传统工作方式下，需要企业的 HR 到海关、人社局、出入境管理局等多个窗口办理业务，不仅要重复填写表单和提交相关资料，而且等待的时间也相对较长。企业的 HR 需要充分了解当前窗口业务的前置条件（即当前窗口的业务是否取决于前一个窗口的完成状态），所花费的时间和学习成本较高，间接增加了企业、政府等机构在招揽海外人才方面的成本。

通过 RPA 技术对现有流程和场景进行改造之后，多个部门将按照政务行政许可和权责清单要求进行联合、协同办理。无论是面向企业 HR 的申请端，还是面向基层政务工作人员的审批端，都实现了智能化操作，这极大地提高了政务事项的办理效率、减轻了基层人员的负担、提升了企业 HR 的办事体验。

如图 8-2 和图 8-3 所示的是为海外人才来华工作办理居留许可的流程。

流程改造前

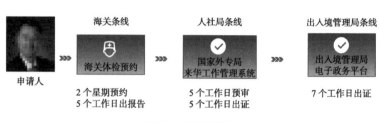

图 8-2　流程改造前

流程改造后

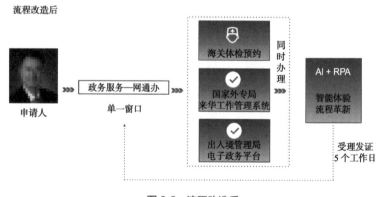

图 8-3　流程改造后

1. 申请端填报自动化

申请端实现了信息填报和录入的自动化操作，人工录入环节由原来的 97 项缩减至 27 项，大部分数据填报均由机器完成，准确率高达 100%（如图 8-4 所示）。

图 8-4   申请端填报自动化

2. 审批端审核智能化

审批端实现了机器人自动审核与查验的功能。从录入内容的完备性、一致性、合规性、真实性等方面进行智能化审核,将审批环节所花费的时间由原来的至少 12 天减少至 5 天,实现了为基层政务人员减负这一目标(如图 8-5 所示)。

图 8-5   审批端审核智能化

8.4.2   政务数据迁移

当前,政务系统数据都在政务内网中,如果数据需要迁移到互联网或者其他网络环境,则会遇到很大的困难。随着智慧政务的不断推进,政务系统与其他业务系统开始各个层次的对接,包括纸质和电子版单据的数据录入、不同业务系统间的数据迁移等。这一类的数据迁移对于时效性和准确性的要求很高,需要一线员工进行大量的数据搬运工作，对于人力和时间的耗费极大。

下面以某网络理政平台（如图 8-6 所示）为例进行说明。该平台需要将平台内部的数据导出并提交给回访处理部门，对其中的求助、咨询、建议、投诉等内容进行回访。回访结束以后再将回访处理部门收集到的反馈结果返回给业务平台。每天需要从政务内网中导出 500 多份相关记录给相关单位，再将反馈进度与建议通过邮件系统发送给网络理政平台。由于网络理政平台和回访处理部门的业务系统不在同一个网络环境中，因此业务人员需要以人工的方式进行系统之间的数据流转。这些简单重复的工作需要消耗大量的人力资源。

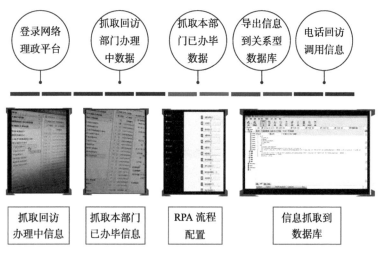

图 8-6 某网络理政平台

使用 RPA 技术以后，该网络理政平台使用堡垒机策略来处理内外网的数据迁移工作。在堡垒机上，RPA 软件机器人自动登录网络理政平台账号，将相关政府数据导出，经过录入员审核以后再将合规的内容导出给回访处理部门。同时监控回访处理部门的处理结果，抓取处理完成的结果，最后以邮件的方式发送给网络理政平台。基于堡垒机策略的 RPA 软件机器人方案可用于账户密码的云账户管理，在内外网间安全地传输数据。录入员转变为审核员，进行数据审核的操作。部署 1 台机器人可以完成 5 ～ 6 人的工作量，让准确率和效率有效提升。

8.4.3　物料清单自动化

作为企业智能制造数字化转型的关键推动因素，RPA 技术可以有效简化和优化复杂的后台运营流程，帮助企业降本提效，制造商可以在几周内收到投资回报。根据 ISG 的研究，RPA 技术可以让订单到现金流程所需的资源减少 43%，发票处理减少 34%，供应商管理减少 32%。

其中，物料清单（BOM）是制造业中至关重要的数据文件，物料清单包含了构建产品所需的原材料、组件、子组件和其他材料的详细清单，是识别物料的基础依据。该文件会向企业内的相关员工提供详细信息，说明所要购买原材料的内容、数量、方式、地点以及其他详细说明（如何组装和打包产品）。物料清单是制造企业的核心文件，采购部门要根据物料清单确定采购计划，生产部门要根据物料清单安排生产，财务部门要根据物料清单计算产品成本，计划部门要根据物料清单确定物料的需求计划，此外，销售、存储等部门也都要用到物料清单。

物料清单对正确性的要求非常高，即使是单一的遗漏或小小的失误，都可能导致材料计划、物料需求的错误，造成产品成本核算不准确、装运延迟等问题。同时，物料清单也包含着很多关键信息，通过对这些关键信息进行分析和归纳，也能够为企业提供丰富的数据资产，以方便企业的智能化改造。

在传统的模式下，业务人员通过 BOM 管理系统或者手工的方式来制作相关的物料清单，再交由不同的部门使用。在制作和使用物料清单的时候可能会因为人为的原因造成纰漏。与此同时，在整个过程中，历史数据和物料清单当中的数据、内容也没有经过很好的归纳和整理，因此其很难方便快捷地应用到后续的业务当中。如图 8-7 所示的是物料清单实现流程自动化前后的对比。

RPA 可以很好地解决传统方式下物料清单遇到的问题。RPA 软件机器人结合 NLP，能够自动抓取订单中的关键字段，同时能够自动核对并确认品名料号，然后自动在系统中创建和更新 BOM 表单并录入相关内容。RPA 软件机器人能够完全复制人工在生成 BOM 中所执行的步骤，利用屏幕抓取技术，更快地创建和跟踪变更，帮助企业避免代价高昂的人为错误，实现 BOM 流程的自动化。同时，使用相关的 AI 技术，精确地识别物料清单中的关键信息，自动将不同的关键信息发送到相关的业务部门，使得业务部门能够快速高效地处理物料清单中的关键信息，并且能够对历史数据进行归纳整理，以方便后续业务系统的使用。

RPA 技术结合 NLP 等人工智能技术，能尽可能减少物料清单生成过程中的错误，也能够更好地归纳和整理物料清单中的关键内容。

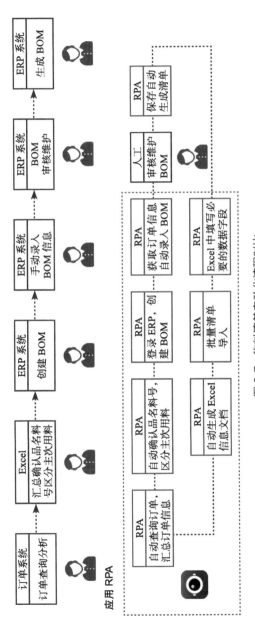

图 8-7　物料清单自动化流程对比

8.4.4　物流管理自动化

物流管理是指在生产过程中，根据物质资料实体的流动规律，应用管理的基本原理和科学方法，对物流活动进行计划、组织、指挥、协调、控制和监督，使各项物流活动实现最佳的协调与配合，以降低物流成本，提高物流效率和经济效益。物流管理的核心是准备、执行、管理产品和服务的存储、运输、交付，以满足客户的需求。在物流方面，运输的安排和跟踪要求大量工作人员与多个标签、文本、应用程序等一起工作。

在传统的业务模式中，很多大公司都会选用 Oracle 或者 SAP 现有的 TMS（运输管理系统）模块，物流管理的过程涉及提单、送货单、发票和交货凭证。由于很多票据的内容都是非标准的，因此需要大量人员进行材料的收集、分类录入、核对上传和客户沟通收发。这个过程涉及大量的传真、表格、文档等文件的汇总和确认，与客户的邮件和短信收发，与物流承运人的仓位预定等信息，任务重复、繁重且易出错，因此必须找到一种有效方法来对数据进行整合和标准化，否则会引发延迟发货、缺件、少件、发错信息、审核不规范等问题，从而导致客户满意度下降。如图 8-8 所示的是物流管理系统自动化流程优化前后的对比。

引入 RPA 后，物流管理系统可以定时自动收集出货批次的信息，对各种来源的数据信息进行汇总，人工对材料内容进行核对，以确保材料的完整性。准备好完整的材料之后，可随时开启 RPA，让机器人自动登录 TMS 以进行信息的分类录入。等待交易通知单抵达后，根据运输信息要求，自动选择相应的邮件 / 短信通知模板，进行信息的通知和确认。收到邮件回执后，RPA 将自动根据 TMS 进行材料收发的配置，人工确认后即可将信息发送出去。最后，RPA 自动将记录归档，以防止在运输中因货物丢失或文件上传不及时等原因而导致信息不同步。在这个过程中，物流管理系统运用了"有人值守模式的 RPA"，因为装运材料和发货批次对后续运输的影响较大，这里可以设置为：经过人工确认之后，RPA 再继续工作。多个系统的文档、邮件、短信等的协同操作，大大减轻了工作的强度，也避免了工作中的误差。

流程优化前：

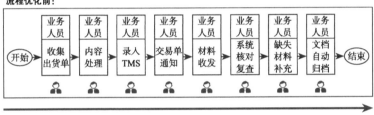

RPA 优化后：

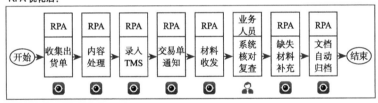

图 8-8　物流管理系统自动化流程对比

　　通过 RPA 改造物流管理流程，传达确切状态的完整物流流程均可实现自动化。只有在超出机器人处理能力的特殊情况下，才需要人为干预。物流管理流程的自动化极大地节省了工时和人力投入，同时系统的工作效率也获得了显著的提升。

8.4.5　报关管理

对于制造企业而言，需要记录和管理大量的数据，其中很大一部分数据来自工厂。特别是一些大型制造商，通常会在不同地区拥有多家工厂，数据记录和分析的任务量巨大。在特定系统中，数据的操控将会变得更加困难。传统的填报方式是人工对这些信息逐个进行查找，特别耗时耗力，而且容易出现错填、漏填等情况，增加了企业在报关过程中的成本（如图 8-9 所示）。对于大部分报关业务而言，企业都期望能够在系统、文档、电子文件等数据操作层面上完成关键信息的自动识别、自动提取和自动填报，通过完整的自动化操作，节省人力，减少出错概率。

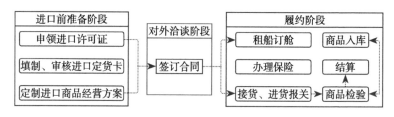

图 8-9　报关管理原始流程

RPA 报关管理机器人可以自动登录海关报关系统并进行报关委托操作。当然，报关流程很复杂，目前还无法实现全自动操作，但是其中一些环节是可以借助 RPA 实现自动填报的。例如：机器人可以从申领进口许可证的文件中获得进口口岸名称、备案号、进口日期、申报日期、许可证号；从合同中获得经营单位、合同协议号、数量、包装种类、毛重、净重；从租船订舱文件中获得运输方式、运输工具名称；从保险文件中获得保额。然后，RPA 报关管理机器人将这些信息逐个填写进报关单中，统一交给审核人员进行审核。审核通过的文件将递交给海关相关部门，走报关申请流程（如图 8-10 所示）。

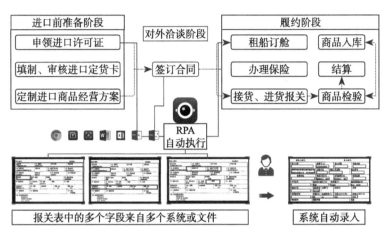

图 8-10　报关管理自动化流程

整个报关管理过程可以采用 AI+RPA 等技术相结合的方式进行业务操作。对于非结构化的文档，可以采用 OCR+NLP 等技术获取相应的信息；对于结构化的文档，则直接抽取其中的关键内容，然后将相应的内容填写到对应的业务系统当中。关键内容的自动填写，可以节省大量的人力和时间，尽可能地减少错填、漏填等情况的出现。

8.4.6　仓库管理

库存需要制造商和供应商定期进行监控和维护，以确保他们有足够的库存水平来满足客户的需求，同时控制成本。库存管理通常会涉及多个系统之间的协调，RPA 仓库管理机器人可以轻松地实现这种系统间协调的通信自动化，实现端到端仓库管理，从而降低人力成本和时间成本。RPA 有助于自动实现各种功能，包括当前库存监控、库存水平通知生成，以及当水平低于设定阈值时重新订购产品。此外，其还可以自动批量更新 SKU，通过最少的人为干预实现业务流程的自动化。

在大型制造企业的仓库管理过程中，进仓和出仓订单的机器人流程自动化非常重要。物流提供的所有进仓/出仓单，都需要经历新建订单、输入订单详情、订单明细和附件保存或更新到 WMS 等过程，不断循环录入，直到订单信息更新完毕，仓储流程才能继续进行。每天随着货物的进出不断地重复这个步骤，任务繁重，需要仔细核对以避免纰漏和返工，同时因为订单仓库经常频繁入仓和出仓，短时间内要完成上述的大量操作，所以员工的周转压力很大。

面对这种情况，我们可以上线仓库管理 RPA 软件，以实现现有流程的自动化。下面我们以进仓订单处理的流程自动化为例进行讲解。

首先，定时扫描本地/系统里新的进仓单，如果发现新的订单，则自动登录物流供应链平台，创建新的订单并选择订购单中的存货商；然后，判断订单格式，对 PDF 的格式进行 OCR 识别，将其转换为表格；最后，对照 Excel 表格的内容提取系统中对应的货品、订单号、计划数量、计划总件数等字段填入 WMS。如图 8-11 所示，完成订单的信息录入后，再将具体的货品明细和附件内容数量等详细信息同步更新到 WMS 中。

整个过程都是在 RPA 系统中自动执行的。因为进仓数据必须准确无误，所以会在流程的最后安排人工确认结果。这样一来，在整个流程中，员工从过去全流程的手动录入变成只需要确认结果，大大提高了仓储的信息周转效率。

图 8-11　仓库管理自动化流程

8.4.7　供应商财税发票处理

供应商的发票是制造商不可回避的问题，而发票的处理是一项既耗时又麻烦的事情。每一张发票，都需要人工查验真伪，再报送相关人员审批。这一过程不仅会耗费大量的时间，而且会由于多次审查和更换，出现人为错误。

当前情况下，财务人员每天需要将银行对账单和货物清单合并成一个报表，然后在金税三期系统中进行报税工作，最后完成凭证打印。整个过程需要利用多个不同的软件进行数据操作，过程重复又烦琐，容易出错和返工。供应商财税发票处理流程涉及的应用系统及软件具体包括网银、财务系统、Excel、打印系统等。

供应商财税发票处理流程的主体过程可以利用 RPA 代替人工进行操作，以提高效率，节省人力投入。RPA 供应商财税发票处理机器人可以与货运单支付系统等多个系统集成，为大型运营商实现从订单到现金的完整流程的自动化，解决流程中的定期跟进问题，以及需要与多个系统进行交互等难题。RPA 供应商财税发票处理机器人能够自动提取供应商数据，同时利用 OCR 技术扫描并提取发票信息，替代人工进行输入、剪切和粘贴等操作，实现发票信息的自动录入。

RPA 供应商财税发票处理机器人实现了对增值税纸质发票的全生命周期管理（如图 8-12 所示），其通过 OCR、文本抽取等技术实现关键信息的处理，并且在后续实时监控、查阅各纳税主体的发票申请、领购、使用，以及记录每张发票的完整状态。

将 RPA 供应商财税发票处理机器人应用于税务申报管理系统后，可自动对纳税申报、便捷申报、预警分析进行处理，从而在最大限度上减少违规业务的发生，降低税务风险。

流程优化前：

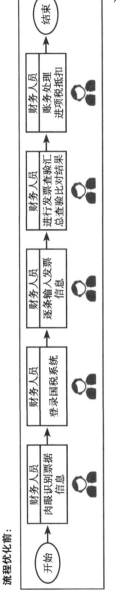

RPA 优化后：

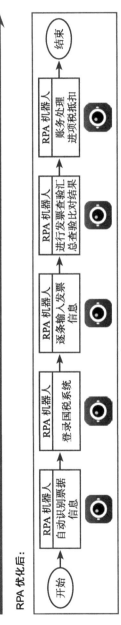

图 8-12 供应商财税发票自动化处理流程

8.4.8　供应商管理

在制造业中，供应商选择流程一般包括准备报价请求、与供应商沟通和讨论、分析供应商文档、供应商评估以及信用审查、供应商的最终确定等步骤。因为企业使用的是单独的业务系统，所以需要在多个系统中同步更新客户信息，以确保为客户提供有效的服务。例如，在供应链流程中，系统要求暂停客户的订购权限，直到通知客户经理开始为止。

过去完全是由人工进行处理，现在 RPA 供应商管理机器人可以辅助员工一起完成这项任务。在项目的初始阶段会由人工操作，后续设定具体的供应商列表、清单要求、评估报告等工作将会由机器人自动处理。RPA 可以自动执行跨多个信息系统的操作，并对客户信息、服务状态、材料文档等进行自动化汇总处理，使得其客户服务团队可以专注于高质量任务，从而加强客户关系。

8.4.9　ERP、MES 整合

根据不同的需要，工厂会部署多项 ERP 子系统，包括财务管理、生产控制管理、物流管理、采购管理、分销管理、库存控制、人力资源管理等多个子系统。员工每天都需要从不同的系统中统计各类数据并汇总到五大类报表中，过程中有大量的选择、下载、复制、粘贴等重复性工作，每份报表平均耗时约 30 分钟。员工在处理上述工作的过程中，经常需要从一个系统跳转到另一个系统，灵活性和透明度都不足。一方面，员工每天进行统计工作的频率高、工作量大；一方面，人工更新统计表经常会出现遗忘的问题，不能很好地检测数据的一致性。RPA 可以很好地整合

ERP、MES 等系统，代替人工实现运营报表的自动生成。

RPA 系统整合机器人能自动生成报告（如产能、库存、应付账款和应收账款、定价和其他报告），并通过电子邮件自动发送，或者将其上传到共享文件夹中。RPA 还可以推动 MES 等运营管理平台与其他管理系统之间的交互，有效提升运营的灵活性和透明度。下面以生成运营产能表的报关为例进行说明，RPA 系统整合机器人自动登录运营管理系统，选择"运营＿产能表"，逐个选择需要统计的指标进行查询，然后将查询到的信息下载到 Excel，对生成的 Excel 表进行筛选，去除空白项和重复项以后，再将信息填入对应的 Excel 报表，最终完成产能表的自动生成。

8.4.10　多业务系统对接

对于一线作业人员而言，很多任务都需要批量处理，即单次任务会涉及不同的业务系统。例如，从不同的数据源和不同的业务系统中收集信息。这些批处理任务如果靠人工来一步步执行，非常容易出错，可能还会漏掉一些步骤，这就会导致出现系统问题。最重要的是，人工执行很难准确记录任务的执行情况，出现问题后也无法查。

RPA 系统可以提供一种有据可查的自动化作业，可进行自动化备份和恢复，有助于一线业务人员节省时间并减少因重复任务而造成的错误。一旦将工作流与自动化集成在一起，就可以自动、准确地执行备份和恢复工作。RPA 系统还可以根据技术的变化轻松地进行调整，从而确保业务的连续性。

RPA 软件机器人替代人工执行批处理任务，可以准确记录执行的过程和结果，所有执行步骤都是可查的，从而在解决业务系统联动问题的基础上，实现自动执行、自动归档、自动备份的功能，使得全过程可查看、可溯源。

下面以某业务系统为例，利用 RPA 系统辅助实现自动值守，通过 RPA 减轻重复性工作。如图 8-13 所示，具体步骤可分为如下 4 个：信息识别和录入、常规检测、重点识别与辅助判断、经验积累。

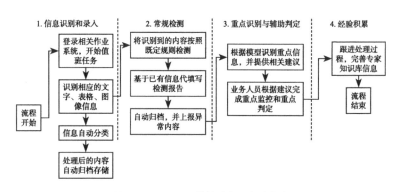

图 8-13　RPA 系统辅助实现自动值守

1. 信息识别和录入

具体执行步骤为：自动登录相关作业系统，开始信息识别任务；识别系统上的文字信息、表格信息、图像信息等不同信息；对于识别到的信息，一方面进行自动分类并存储到相应的数据库中，一方面对识别到的信息进行常规检测。

2. 常规检测

对于识别到的信息，按照相应的规则，调用专家知识库信息进行判断，以识别其中的异常信息和可能存在的关键内容，然后基于已有的信息填写信息检测报告，随后将信息检测报告自动归档，并上报异常内容和异常信息。

3. 重点识别与辅助判断

对于常规检测后上报的信息，后续会进行重点识别，结合专家知识库找到其中的关键信息和重点内容，然后将重点信息交由相关业务人员并提供处理意见，业务人员再跟进提供的内容和处理意见，完成重点信息的监控和重点内容的判定。

4. 经验积累

记录信息识别、信息分类、信息存储、常规检测和重点识别等全流程的信息，丰富和完善专家知识库系统。

8.4.11 业务系统智能化升级

大型政企的很多业务系统较老，智能化程度不高，已经很难满足当前任务对智能化的要求。为了更好地解决这一问题，可以结合 RPA 技术、NLP 技术、OCR 技术，构建自动化的 RPA 智能系统。通过内置的流程设计器来统一设计所需执行的流程，通过引入 OCR、NLP 等人工智能技术来辅助实现相应的功能。RPA 智能系统以非侵入的方式实现原有老旧业务系统的智能化改造，例如 Windows 应用、邮件应用、Web 应用、各种定制化的 JAVA 应用、Office 办公软件等。

老旧业务系统的升级改造步骤如下。

（1）对于老旧业务系统中难以通过代码层改进和升级的问

题，可以利用 RPA 以非侵入的方式进行改造，不会涉及代码改动。RPA 可以在保证原有系统和业务安全稳定运行的前提下，实现智能化升级和改造。

（2）通过引入 NLP 和 OCR 等人工智能技术和专家思维模型，实现业务系统的智能化升级，可以从系统运营的角度提升原有系统的自动化和智能化水平，使老旧系统也能够具备感知智能、自动识别、自动处理、自动作业的能力，满足当前业务系统智能化的要求。

（3）通过 RPA 的方式实现不同业务系统的联动，再结合认知智能和智能工作流实现业务流程的自动化，满足当前业务系统的流程智能化要求。

本章首先介绍了政务工作面临的痛点，探讨了 RPA 技术能够为政务工作带来的价值；然后介绍了在国家经济转型的大背景下，大型政企智能化建设的特点和现状，找到了 RPA 技术与大型政企业务的结合点，探讨了 RPA 技术能够为大型企业带来的价值；最后通过 RPA 在智慧政务、智能制造、不同业务系统对接、业务系统智能化改造等方面的应用，进一步分析了 RPA 在政企、大型央企的应用现状以及其能带来的价值。

RPA 应用案例分析

      RPA 作为一项新兴的自动化技术，正在帮助全球的企业实现数字化转型。HFS Research 和毕马威会计师事务所最近的研究显示，北美 55% 的企业正在尝试通过 RPA 实现业务流程自动化。Gartner 数据显示，在过去的几年里，全球的大型商业巨头里有 300 家陆陆续续开展了 RPA 工程，对传统手工流程进行了自动化改革。预计到 2020 年，全球将有 40% 的商业巨头会拥抱 RPA 技术，会有超过 30% 的 CIO 将 RPA 软件机器人作为重点投资对象，将会有越来越多的企业将 RPA 作为发展的重要助推器。

9.1　7 大行业 RPA 应用概况⊖

随着 RPA 在全球范围内持续走热，RPA 技术已经能够很好地应用于银行、保险、制造、零售、地产、公共部门等众多行业，是助力企业发展的重要工具之一。

1. 银行业

银行业的市场竞争非常激烈，为了在市场中保持竞争力，需要不断地使用新技术，以简化其运营流程并为客户提供卓越的服务体验。与此同时，银行业又必须保持低成本和数据的绝对安全，RPA 非常符合银行业的所有数字运营标准，并能极大地提高业务的处理效率。在目前的行业分析中，银行业实施 RPA 的匹配度最高。RPA 技术可广泛应用于信用卡在线审批、客户黑白名单审核、ATM/POS 运营、结算、客服服务、数据验证、多系统间数据迁移、客户账户管理、自动生成报表、抵押价值比较（当地或跨域）、表单数据填写、金融索赔处理、贷款数据更新以及柜台数据备份等场景。

2. 证券业

证券经营机构普遍存在流程自动化不足、业务监控不全面、数据统计和分析能力薄弱等痛点，导致员工将大量精力耗费在重复的事务性操作中。随着 RPA 软件机器人等信息化和自动化技术的发展，RPA 技术在清算、资管、托管、财务、零售系统、自动开闭市、开市期间监控、定时巡检等应用场景中有较为广泛的

⊖　本章部分案例的原始素材来自 RPA 中国的行业案例库 http://www.rpa-cn.com/，已获得 RPA 中国正式授权。

应用。RPA 技术可以帮助证券公司实现业务的自动化处理，减轻员工的工作量，同时大幅提升作业效率和客户体验。RPA 能够帮助证券企业实现业务活动的数字化和自动化，大幅提升业务的办理效率和操作准确率。此外，其在市场风险管理、信用风险管理、反欺诈、反洗钱、征信、客户身份识别、客户关联关系挖掘等应用场景中也可以发挥重要作用。

3. 保险业

RPA 可应用于保险行业的绝大多数业务流程，如客户服务、承保、索赔审查、赔偿支付、文件报送、风控、核保、系统清算等。从本质上讲，机器人采用表单中的非结构化数据，提取结构化数据并根据预定义的规则进行处理，可以将手动处理时遇到的所有问题全部解决掉，比如，声明验证可以通过规则自动完成；机器人可以处理各种数据格式以提取相关数据，并提交给理赔公司。RPA 保险理赔机器人可以处理所有这些问题，提升工作效率，提高客户满意度，鼓励员工专注于更有意义的任务。

4. 医疗业

在医疗卫生领域，RPA 能够胜任的业务流程也十分丰富。在患者注册、患者数据自动录入、系统间数据传递、数据迁移、患者数据处理、医生报告、医疗账单处理、患者记录存储、索赔处理以及医保对账等场景，RPA 都有着较为深入的应用。在传统模式中，这些流程都是由医疗人员手动处理完成的，执行和跟踪这些过程很耗时，并且很容易导致延迟和出错。RPA 将为医疗和保健领域的专业人员和管理人员自动执行各种复杂的任务。在 RPA

的帮助下，医疗和保健机构的工作效率可以提升 50% 以上，并为患者提供更好的医疗服务。

5. 制造业

在制造业中，RPA 适用于大多数的流程和方案，包括物料清单自动化、物流数据跟踪、采购订单创建与管理、数据监控、供应链管理、库存管理、财务应付、ERP 与 MES 整合、客户服务以及产品定价比较等。不仅如此，前面这些通过 RPA 实现流程自动化的场景还要求与制造业相关联的其他场景也实现自动化，以满足未来的全流程自动化发展需求。因此，机器人流程自动化一旦实现就能创造奇迹，未来自动化有望达到端到端的水平。

6. 公共事业

在电信和能源等公共事业中，RPA 可以应用于电信领域的大多数任务流程中，其中最为可行的切入点是客服系统场景。例如，从客服系统中获取信息并进行备份，定期进行分析并上传必要的数据。在未来，电信领域的用例将会极速增长，必须要为像 RPA 这样的技术创造足够多的机会来建立必要的流程自动化框架。Orbis Research 最近的一份调查报告显示，2022 年全球呼叫中心的市场规模将达到 246 亿美元，这意味着其每年将以 22% 的速度增长。同时，市场规模的快速增长也为呼叫中心带来了人力资源、数据处理、客户服务等方面的挑战。呼叫中心实施机器人流程自动化，可以为员工提供急需的帮助，在提高工作效率的同时节省宝贵的时间，让员工将时间和精力投入到与客户的沟通中。但是，最有价值的便是通过 RPA 为客户提供更具个性化的服务，这极大地改善了客户服务体验。

7. 零售业

零售业一直是增长最快的行业之一。eMarketer 的一份数据报告显示，预计到 2020 年，全球零售业的市场规模将达到 27.7 万亿美元，但伴随着人工、房租、服务、销售渠道等各方面的问题，零售业同样也面临着巨大的竞争压力。无论是实体还是电子商务，零售行业是包含交易流程步骤最多的行业之一，这些流程会消耗大量的时间或者出现致命的错误。RPA 在零售领域的应用场景非常丰富，包括从制造商的网站提取产品数据、自动在线库存更新、网站导入、电子邮件处理、订单数据处理、促销管理、物流管理、供应链管理、客服，等等。RPA 零售机器人可以提高这些流程的工作效率，同时极大地降低人为导致的错误。不仅如此，上述场景的 RPA 解决方案在未来还要面对本领域全流程自动化的需求，以达到全流程自动化端到端的目的。除此之外，还有很多实用方便的自动化流程。不难发现，RPA 零售机器人将是企业进行数字化转型的最佳工具之一，可以帮助企业完美地应对烦琐、复杂、重复的业务流程，节省员工的时间，同时提高企业的服务质量和工作效率。

如图 9-1 所示的是 RPA 在各行业的应用介绍。

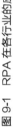

图 9-1　RPA 在各行业的应用

在 RPA 未来的发展中，上述列举的行业只是冰山一角。由于 RPA 具有弱行业属性，它在其他行业也具有广泛的应用。比如，在教育行业，在 RPA 技术的帮助下，课程注册、出勤管理、评分管理、财务管理、人力管理等场景均可以实现不同程度的自动化；在地产行业，RPA 可以应用于共享总账对账、优惠与促销管理、银行账户信息更新、自动退款等具体场景；在政府机关，RPA 全面覆盖政府流程审批、跨部委之间数据打通与对接、大数据采集等场景；在物流行业，针对发货与跟踪、发票处理、采购与库存流程、物流数据查询、订单处理、自动付款等场景，RPA 也可以拓展出更广阔的应用空间。

这些行业一旦引入 RPA 来完成这些任务，并在各个行业进行业务流程优化，与这些流程密切相关的流程也将需要利用 RPA 进行优化，从而节省大量的时间和成本。RPA 势必会在更多的新领域创造奇迹。

9.2　银行业的 RPA 实战案例分析

1. 印度工业信贷投资银行

印度工业信贷投资银行是印度首家提供网上银行服务的银行，也是印度的第二大银行，其简称为 ICICI。2005 年 4 月 4 日，ICICI 的流通市值折合约 70 亿美元，在孟买交易所的上市公司中排第三位。该银行在印度拥有 955 个分支机构、3687 个 ATM 机、配备 1500 部座机电话的话务中心，以及 500 多万户 Internet 金融服务用户，并在 17 个国家有办事处。2018 年 6 月，《福布斯全球企业 2000 强》榜单发布，印度工业信贷投资银行排名第 320 位。

ICICI 是印度第一家，也是全球少数几家在全球范围内部署

RPA 的公司。ICICI 成立了专门的组织来推进 RPA 的开发与实施，不仅包括 60 多名开发人员，还有产品经理、流程专家、业务分析师和测试工程师。ICICI 的 RPA 被用来捕获和分析银行系统中的信息，并跨多个应用程序自动运行业务流程，包括数据输入和验证、自动格式化、多格式信息创建、文本挖掘、工作流加速、对账和货币汇率处理等。截至 2019 年，ICICI 通过 RPA 已经实现了 1350 个业务的流程自动化，主要用于客户入职、交易处理、交易后服务、对账、贷款处理，以及系统之间的数据移动和提取等。

ICICI 在 RPA 的帮助下，大幅提升了数字化水平。比如，在业务运营领域，RPA 每天自动处理 650 万笔交易，同时为超过 3000 万的客户提供售后服务。

在客户服务领域，通过 RPA 可以实时解决客户反馈信息、交易纠纷、产品答疑等方面的问题，免去了人工提取反馈信息这一固定、费时的工作，原流程的时间缩短了 70%，使员工可以将时间用在问题的处理上。

在表格申报处理领域，RPA 软件机器人可以执行端到端的流程，用来解决表格 15G / 表格 15H 的相关查询，原来需要三天完成，现在当天即可完成，而且准确率高达到 100%。

在 ATM 存取监控领域，RPA 将自动搜集 ATM 存取款错误的问题并及时上报至银行服务部门，时间从七天缩短到 4 个小时内，大幅提升用户体验。

在银行对账领域，通过 RPA 可以自动提取银行系统与第三方的信息，然后根据人工智能自动匹配账单信息，不仅准确率可以高达 100%，而且还大大地降低了人为错误的发生概率。

如图 9-2 所示的是 ICICI 的 RPA 应用实践。

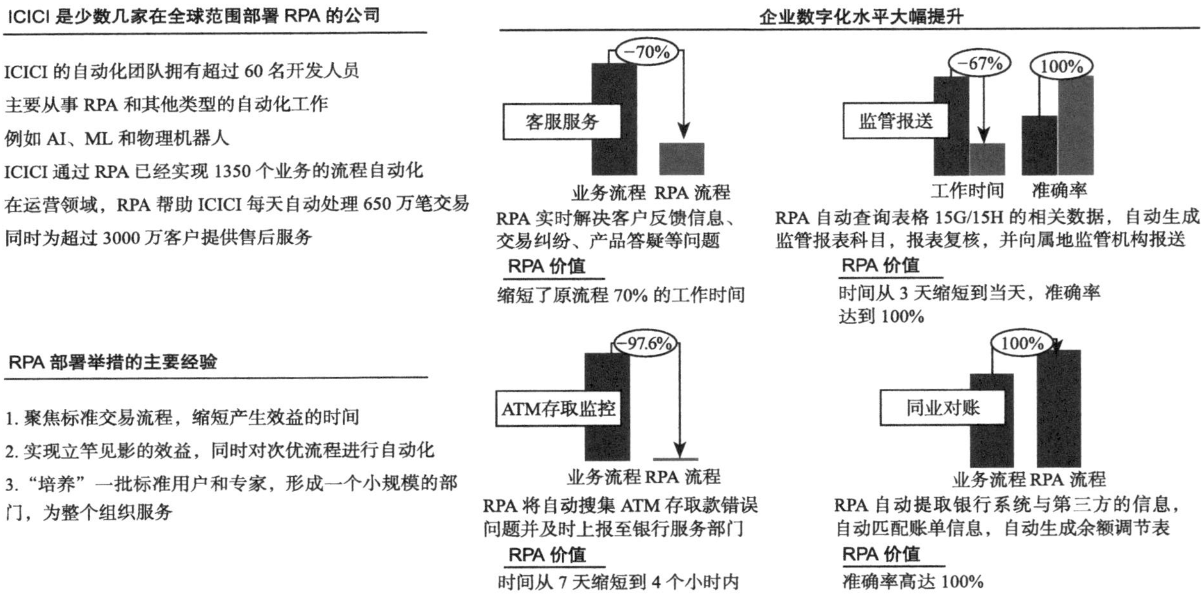

ICICI 是少数几家在全球范围部署 RPA 的公司

ICICI 的自动化团队拥有超过 60 名开发人员

主要从事 RPA 和其他类型的自动化工作

例如 AI、ML 和物理型机器人

ICICI 通过 RPA 已经实现 1350 个业务的流程自动化

在运营领域，RPA 帮助 ICICI 每天自动处理 650 万笔交易
同时为超过 3000 万客户提供售后服务

RPA 部署举措的主要经验

1. 聚焦标准交易流程，缩短产生效益的时间
2. 实现立竿见影的效益，同时对效优流程进行自动化
3. "培养" 一批标准用户和专家，形成一个小规模的部门，为整个组织服务

企业数字化水平大幅提升

客服服务 ~70%

业务流程 RPA 流程
RPA 实时解决客户反馈信息、交易纠纷、产品答疑等问题
RPA 价值
缩短了原流程 70% 的工作时间

监管报送 ~67% 工作时间 100% 准确率

RPA 自动查询表格 15G/15H 的相关数据，自动生成监管报送表科目、报表复核，并向属地监管机构报送
RPA 价值
时间从 3 天缩短到当天，准确率达到 100%

ATM存取监控 ~97.69%

业务流程 ATM 存取款 RPA 流程
RPA 将自动搜集 ATM 存取款错误问题并及时上报至银行服务部门
RPA 价值
时间从 7 天缩短到 4 个小时内

同业对账 100%

业务流程 RPA 流程
RPA 自动提取系统与第三方的信息，自动匹配账单信息，自动生成余额调节表
RPA 价值
准确率高达 100%

图 9-2 ICICI 的 RPA 应用实践

受益于 RPA 软件机器人带来的显著成效，未来 ICICI 希望更加全面推进 RPA 的应用和落地。在技术方面，会将 RPA 与 OCR、NLP、ML 等技术结合；在流程方面，会选择几十甚至上百个步骤的流程，比如通过 OCR 识别数据，通过 RPA 实现数据传递，最后使用 ML 进行数据分析，进而为银行的决策和服务提供更多的帮助。

2. Muthoot Finance

Muthoot Finance 成立于 1887 年，是印度信用评级最高的金融贷款公司，也是印度最大的黄金贷款机构。Muthoot Finance 集团拥有超过 2 万名员工，拥有印度最大的黄金贷款分支网络，即4500 多家分支机构，在印度的黄金抵押贷款方面发挥了重要作用。

Muthoot Finance 集团于 2018 年 5 月开始关注 RPA，并在随后的 2 个月里进行了概念验证，发现 RPA 在提高工作效率、节省员工时间方面有着很好的效果。于是很快在众多业务流程中应用了 RPA 软件机器人，包括欺诈识别、客户身份识别（KYC）、信用评估、反洗钱、客户服务和店铺监控等。

例如，在客户身份识别场景，RPA 从系统中提取客户提交的验证信息，然后与相应地区的居民数据库信息进行匹配，若匹配一致，则 RPA 将自动通过用户验证；反之，RPA 将把信息转至人工处理。应用 RPA 之后，整个流程从平均 20～30 分钟缩短至 1～3 分钟，整体效率提升 10 倍以上。在反洗钱场景中，RPA 能够从授权来源自动检测可疑人员并生成用户列表，该列表每天实时更新，这样有助于验证客户凭据的真实性，以防止非法分子的洗钱行为，满足监管机构对反洗钱的合规要求。

在贷款发放场景中，RPA 从已经与公司建立财务关系的客户处自动收集数据，当客户再次购买产品或者办理其他金融业务并必须重新验证身份时，RPA 会自动将客户验证信息与数据库进行匹配，包括信用评级、收入、偿还能力等。以前人工完成整个贷款评估需要五天的时间，应用 RPA 之后只需要几个小时便可完成。在银行监控场景中，为了防止银行发生抢劫、盗窃等行为，Muthoot Finance 在下设的每一个机构都安装了摄像机和运动检测传感器。RPA 通过计算机视觉技术自动扫描图像中的人物，如果发现异常行为，那么 RPA 将结合传感器检测到的运动数据，自动分析该人物的行为是否会有潜在的风险。如果有风险，RPA 就会自动将这个信息发送给人工。在应用 RPA 之前，每个银行都需要安排十几个保安轮流看管，应用 RPA 之后只需要两个人便可完成监控任务。

如图 9-3 所示的是 Muthoot Finance 的 RPA 应用实践。

目前，Muthoot Finance 正在建立内部的数据分析部门，通过结合人工智能和机器学习等技术来更好地使用其每天从 6 至 7 万名客户那里接收到的数据。这一系列举措将会显著提高 Muthoot Finance 的运营效率和盈利能力。

3. SBI Card

印度国家银行卡简称 SBI Card，在印度 50 多个城市设有分支机构，是印度最大的独立信用卡发行商。该机构主要发行 State Bank of India 品牌的信用卡，截至 2017 年 11 月，已拥有 500 万客户。SBI Card 的客户服务和运营两个部门，主要负责处理"争议交易后续流程"业务，使用 RPA 之后，工作效率得到了显著提高，人为错误也大大减少。事实上，RPA 技术是过去几年推动 SBI Card 快速增长的关键因素之一。

Muthoot Finance 实现了众多业务流程自动化

业务场景	流程
KYC（客户身份识别）	下载自身系统客户验证信息
	与数据库信息进行匹配
	信息不符则转至人工处理
	信息符合则通过用户验证
反洗钱	自动下载数据源信息
	根据一定业务规则筛选数据
	生成可疑用户数据列表
贷款发放	下载第三方财务系统数据
	自动匹配自身系统客户信息
	用户列表实时更新（一次性）
	自动评估客户最大贷款额度
	触发财务系统自动下单放款
银行监控	RPA+CV 自动扫描监控摄像图像中的人物
	自动记录运动传感器数据
	整合数据源
	自动分析风险指数
	生成风险报告并通过邮件发送给业务人员

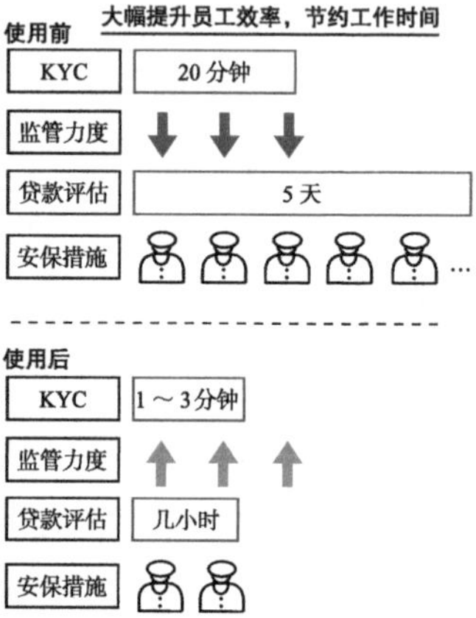

大幅提升员工效率，节约工作时间

使用前

KYC	20分钟
监管力度	↓ ↓ ↓
贷款评估	5天
安保措施	👮 👮 👮 👮 👮 👮 …

使用后

KYC	1～3分钟
监管力度	↑ ↑ ↑
贷款评估	几小时
安保措施	👮 👮

图 9-3　Muthoot Finance 的 RPA 应用实践

SBI Card 已经通过 RPA 整合了八个业务流程，部署了 20 个 RPA 软件机器人，涵盖客户服务和运营两个部门。其中最主要的一个自动化流程是"交易争议后续流程"，是涉及争议交易退款流程下的子流程。在此子流程中，当客户对任何交易提出争议时，RPA 都将根据用户的设定对争议信息进行自动分类，并根据争议的内容自动向客户发送邮件，请求提供相关资料。在应用 RPA 之前，如果客户同时针对多个交易提出争议，则 SBI Card 会以人工方式向每个有争议的交易的客户手动发送单独的电子邮件，不仅处理起来很耗时，而且对客户来说也是非常麻烦的。

在 SBI Card 实施 RPA 之后，交易纠纷跟进流程中的所有手动工作都由 RPA 软件机器人自动处理，处理步骤具体如下。

1）RPA 自动接收客户的交易争议信息，然后识别内容并进行分类。

2）RPA 自动对客户的多个交易争议信息进行匹配，整合到一封邮件内。

3）自动为客户发送请求邮件，并将处理结果发送给员工。

SBI Card 通过 RPA 重新整合业务流程之后，能够在一封电子邮件中整合所有相关争议信息并发送给客户，每天可自动生产大约 600 笔交易，并在整个流程中节省大约 700 个小时的工作量，同时支持 24 小时不间断服务。此外，RPA 还增加了回馈信息的输出效率，从而缩短了对客户的响应时间，减少了待处理的案例。这无疑会大大提升 SBI Card 的客户体验。

如图 9-4 所示的是 SBI Card 的 RPA 应用实践。

SBI Card 是印度最大的独立信用卡发行商

业务场景

当客户对任何交易提出争议时，SBI Card 需根据争议的内容给客户发送邮件，请求提供相关资料。在应用 RPA 之前，如果客户同时针对多个交易提出争议，则 SBI Card 会向每个有争议的交易手动发送单独的电子邮件

痛点：数据源无法整合，耗费工时，客户体验不佳

项目价值：SBI Card 通过 RPA 实现业务流程自动化，每天可自动处理约 600 笔交易。在整个流程中节省大约 700 小时，同时支持 24 小时不间断服务

RPA 实现流程

图 9-4　SBI Card 的 RPA 应用实践

与此同时，RPA 的数据分析功能在 SBI Card 的决策上也起到了非常重要的作用。在未来，SBI Card 考虑将 RPA 扩展到其他职能部门，例如，财务、人力资源、IT 部门等，以进一步改善内部业务流程和提高整体客户体验。

4. PNC 金融服务集团

PNC（Pittsburgh National Corporation）金融服务集团，源于 1982 年宾夕法尼亚州两家银行的合并，目前拥有超过 5 万名员工，分支行总数已位居全美第四，是全美第五大银行。PNC 的主要业务有零售银行业务、公司和机构银行业务、全球基金服务、贸易投资管理业务。

PNC 为了提高客户满意度，不断地进行服务创新、产品创新、技术创新和员工培训，实现他们以业绩为宗旨的理念。通过整合 IBM 的 Business Automation Workflow 和 Operational Decision Manager RPA 机器人，PNC 在银行的多个业务线（LOB）和企业的业务流程（包括房屋抵押、房屋净值贷款、分期贷款等流程）中实现了 50 多个流程的自动化，并将 500 多万个自动化业务规则投入使用。该解决方案允许 PNC 在整个处理流程中捕获与其有关的流程指标，以帮助企业不断改进其业务和流程，并在贷款申请上做出正确的决策。

在部署 RPA 软件机器人之后，PNC 实现了其大部分消费者贷款流程的自动化。过去，PNC 工作人员需要 100% 地审查封闭式贷款。现在，使用 IBM 的 RPA 之后，员工只需要审查包含例外情况的贷款，这些贷款只占总贷款的 10% ~ 20%。因此，PNC 成功地省去了 80% 以上的人工审查工作。在 RPA 软件机器人的帮助下，PNC 在不增加员工的情况下，就能够大规模地处理收购后所带来的海量工作。例如，PNC 在完成加拿大皇家银行的美国分行收购之后，该项收购产生的额外工作量都是由 IBM 的 RPA 机器人所承担的。

如图 9-5 所示的是 PNC 的 RPA 应用实践。

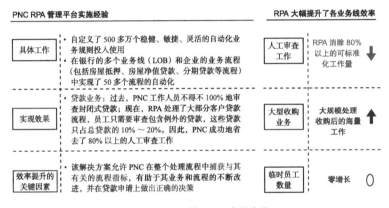

图 9-5　PNC 的 RPA 应用实践

5. Eurobank

Eurobank 成立于 2003 年，是波兰的一家商业银行，为个人提供金融服务，拥有包括自营和特许经营的全国性网络，并在购物中心设有网点。该银行还提供个人账户和定期存款、贷款、支付卡和信用卡等金融服务。2017 年，Eurobank 首先在贷款、还款和在线销售等业务领域实施机器人流程自动化，从而简化运营流程，减少人力资源压力，提高银行的业务效率。

Eurobank 起初只是一家小银行，但仍须遵守与波兰大银行相同的规定，这在无形中提高了银行的运营成本。随着银行业务的迅速发展，银行的客户也在不断增多，Eurobank 的人力资源日益紧张，成本不断高升。2017 年，RPA 开始在全球各行各业崭露头角，在金融领域尤为突出。Eurobank 看到了 RPA 的潜力，很快决定在资产销售和收款两个交易领域开展 RPA 项目的试点建设。每个流程都经过了详细的梳理和记录，并注明了所涉及的员工数量、流程步骤、交易频率和交易量等信息，以评估实施RPA 后带来的价值回报。最终在审核阶段，五个选定的流程中有四个达到了预期效果。同年，Eurobank 成立了 RPA 信息部门，以统一处理和实施流程筛选、设计、维护及部署所有关于 RPA 的事务，从而满足全公司各部门的流程自动化需求。

在应用 RPA 机器人之后，售后服务部门近 50% 的日常工作由机器人来完成。RPA 机器人可以迅速处理积压的大量业务（其中有些业务已经积压了将近两年），从而消除了潜在的安全隐患。得益于 RPA 的实施，在线销售部门的服务质量也有了很大的改善。过去，员工必须手动将客户信息输入系统，再为客户打开产品，这一过程通常耗时长达一天半。实施 RPA 后，完成整个过程只需要四个小时，提高了系统的工作效率和客户满意度。在人力方面，RPA 每月可节省 50 或更多 FTE（有效劳动工时），并且可以 24 小时工作，无须休息和加薪。

如图 9-6 所示的是 Eurobank 的 RPA 应用实践。

截至 2019 年，Eurobank 已运用了 14 个 RPA 机器人处理日常业务，具体包括更改贷款还款时间表、录入客户信息、卡激活、黑名单设置、发送电子邮件回复投诉、在线销售，以及参与透支和收集银行客户的信用信息。RPA 机器人帮助 Eurobank 解决了困扰已久的工作难题，节省劳动力，改善业务流程，以及提高客户的服务质量，也让其在行业竞争中取得了巨大的优势。

Eurobank 日益高升的人力成本

　　Eurobank 起初只是一家小银行，但仍须遵守与波兰的大银行相同的规定，在无形中增加了运营成本

　　随着银行的迅速发展，业务、客户不断增多，Eurobank 的人力资源也日益紧张，成本不断高升

RPA 帮助 Eurobank 节约劳动力

　　RPA 帮助 Eurobank 优化了运营流程，减轻了人力资源压力，提高了银行业务效率

客户的服务质量有了明显提高

RPA 价值　　RPA 处理售后服务部门近 50% 的日常工作

RPA 价值　　RPA 自动录入客户信息，匹配产品时间从一天半缩短到 4 小时

RPA 价值　　RPA 每月可节省 50 或更多 FTE

图 9-6　Eurobank 的 RPA 应用实践

6. 美国银行⊖

　　美国银行是美国最大的商业银行之一，也是人工智能在金融领域运用最早的实例之一。美国银行的历史可以追溯到 1784 年的马萨诸塞州银行——美国第二家历史最悠久的银行。2008 年，美国银行以大约 440 亿美元的价格收购了美林证券，随即合并成为美银美林，将传统商业银行的业务版图向大投行方向扩张。目前，美银美林已涉足投资、融资、咨询、保险和相关的产品及

⊖　https://www.sohu.com/a/239182490_100132383

服务。

随着业务版图的扩张,美银美林对科技进行不断投入,汇集了 RPA、AI、ML 和 OCR 技术的人工智能应收账款解决方案 HighRadius 是其成熟的应用方案之一,此方案通过如下四个步骤实现了直接对账。

(1)识别付款人并与单独收到的汇款数据相匹配。

(2)从电子邮件及附件、电子数据交换(EDI)和付款人门户网站自动提取汇款数据。

(3)自动整合汇款数据后开立应收账款。

(4)通过客户端上传应收账款过账文件到 ERP 系统。

此外,该方案还具有如下亮点。

(1)对于发票无法自动匹配的异常情况,处理应收账款的工作人员可以通过异常门户上传支持数据或进行其他调整,以完成匹配。

(2)客户可以设置自动生成电子邮件,并发送给付款人,要求他们识别出他们想要支付的发票。

(3)解决方案指示板的报告具有现金预测功能,可以帮助客户更好地理解付款人的行为。

(4)支持公司向未偿还债务的客户自动发送偿还债务提示。

如图 9-7 所示的是美国银行的 RPA 应用实践。

除了智能对账业务之外,美国银行还在智能投顾、无人"robo 分行"等业务上运用了金融科技的前沿技术。在未来,美国银行将持续加大对新兴技术的投入,向客户提供更智能化、自动化的金融服务。

美国银行是美国最大的商业银行之一

智能对账

- 识别付款人并自动与单独收到的汇款信息相匹配
- 从电子邮件及其附件、电子数据交换（EDI）和付款人门户网站提取汇款数据
- 自动整合汇款数据来开立应收账款
- 创建客户端自动上传到 ERP 系统的应收账款过账文件

RPA 流程亮点

人工智能　对账全自动化　现金流预测　异常告警

图 9-7　美国银行的 RPA 应用实践

9.3　保险业的 RPA 实战案例分析

1. 美国富达担保公司

美国富达担保公司（American Fidelity Assurance，AFA）总部位于美国俄克拉何马州俄克拉荷马市，是一家美国私人家庭生活和健康保险公司。该机构向美国各地的教育工作者、汽车经销商、医疗保健提供者和市政工作者提供自愿补充健康保险产品和延税年金。受时间、人力资源限制，AFA 每月无法实时有效地回复大量的用户邮件，以致大大地降低了客户服务质量。因此，AFA 一直在关注新兴技术，希望通过技术升级来实现业务流程的简化和自动化。

首先，AFA 在企业内部建立了 RPA 服务中心，并且在一周内实现了第一个流程自动化，RPA 担保业务机器人可以自动处理庞大的数据，这使得其工作方式有了巨大的转变。在成功验证

RPA 担保业务机器人的功能之后，公司迅速将 RPA 应用在电子邮件提取业务上。在过去，其所有客户的反馈电子邮件都在一个邮箱内，里面包含几千甚至上万封邮件，这些电子邮件涉及各种各样的反馈问题。为了提取这些邮件信息，员工需要花费大量时间和精力阅读每一封电子邮件，然后将每封电子邮件发送到最合适的部门进行跟进和解决。

现在，RPA 担保业务机器人很好地解决了这一问题，具体处理步骤如下。

（1）自动登录邮箱并打开每一封电子邮件并提取所有文本内容。

（2）基于内置的深度学习算法，对每个客户反馈的信息进行分类。

（3）根据用户规则的设定，将邮件自动分发到各个匹配的部门以进行后续的处理。

整个业务流程无须人为干预，可以 7×24 小时执行。此外，如果遇到非常紧急、需要及时处理的邮件，人工也可以与 RPA 协同完成。例如，当同一用户反复发送多封邮件时，RPA 可以检测到这一紧急情况，并立即将这些邮件发给人工处理，以向客户提供更快、更有效的服务。

截至 2019 年，美国富达担保公司已经部署了 10 个 RPA 担保业务机器人来处理业务流程，每月可节省大约 25 000 个工时，并显著地提升了客户服务质量。同时，员工不再需要从事烦琐的邮件筛选工作，可以将更多的时间和精力用在反馈意见的处理上。

如图 9-8 所示的是美国富达担保公司的 RPA 应用实践。

业务场景描述

服务部门：所有客户的反馈都在一个邮箱内，里面包含几千甚至上万封邮件，这些电子邮件涉及各种各样的反馈问题，为了提取这些邮件信息，必须依靠人工来阅读每一封电子邮件，然后将每封电子邮件发送到最合适的部门进行跟进和解决

痛点：邮件无法实时有效回复，耗时费力，客户体验不佳

RPA 实现流程

服务部门工作效率大幅提高

| 电子邮件实时回复 | RPA 自动登录邮箱读取邮件 | 对邮件内容进行识别并分类 | 自动分发给相关部门处理 |

10 个 RPA 机器人

每月节省约 25000 个工时

图 9-8　美国富达担保公司的 RPA 应用实践

未来，公司准备将 RPA 担保业务机器人应用在财务、审计、客户数据处理等更多部门的业务中，以节省员工时间，提高业务流程效率，并向客户提供更好的用户体验。

2. 日本人寿

日本人寿保险股份有限公司（以下简称日本人寿）在亚洲保险行业中排名第二，业务遍布全球 60 多个国家，是日本最大的保险公司之一。公司现有 70 000 多名员工，其中约 10 000 名员工从事 Excel、PDF、Word 等文本类型的文书工作，耗费了员工大量宝贵时间。因此，日本人寿一直在寻找文本处理自动化的解决方案。

日本人寿应用 RPA 保险业务机器人的历程可以分为以下几个阶段。

2011 年，日本人寿保险业务进行了重大改革，取消了银行窗口销售保险产品的业务，这一政策让办公室员工的工作量大幅

度增加，其至超出了员工所能承受的范围。

2014 年，日本人寿进行 RPA 保险业务机器人试点，以处理烦琐且固化的业务流程，例如客户信息录入、法规更新、业内信息搜集等。其中，销售部门在 RPA 的帮助下，业绩提升了 40%以上。从 2017 年起，日本人寿扩展了 RPA 产品供应商的范围，并将 RPA 逐步推广到整个集团。

截至 2019 年底，日本人寿 85% 的业务全部实现业务自动化，运行了 140 多个 RPA 实例，约 60 万个自动化任务线程，10 000 多名员工 90% 的工作全部实现自动化。在 6 年的时间里，RPA 帮助员工节省了共计 2 000 多万个工时，让员工将时间和精力集中在更加人性化的工作上，成功地帮助日本人寿实现了数字化转型。

如图 9-9 所示的是日本人寿的 RPA 应用实践。

3. 第一生命保险集团

日本第一生命保险集团（以下简称：第一生命）成立于 1902 年，公司创建以来一直以客户至上为经营理念，是日本最大的保险公司之一。2010 年 4 月 1 日，第一生命改组为股份公司，同时在东京证券交易所市场一部上市（在日本拥有最多的股东数量，约 137 万人）。公司上市后，继续坚持创建以来的经营理念，作为保险公司为客户提供一生可放心的生涯设计，力求成为客户的终生伴侣。

日本人寿是日本最大的保险公司之一

在亚洲保险行业中排名第二，业务遍布全球 60 多个国家

公司现有 70 000 多名员工

其中约 10 000 名员工从事文书工作

目前日本人寿使用三种 RPA 产品

到 2019 年年底，整个集团运行 140 多个 RPA 业务流程

60 万个自动化任务线程

企业数字化水平大幅提升

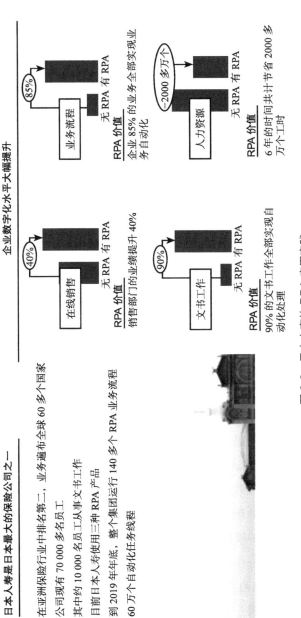

图 9-9　日本人寿的 RPA 应用实践

第一生命的保险业务广泛服务于高达数千万的人群，保险种类包括个人养老保险、学生保险、外币保险、意外险、车险等。因此，员工每天需要花费大量时间处理申请、索赔、咨询、资料审核等重复性的繁杂业务。例如，常有客户在非工作时间提交索赔、入保等业务，索赔和资料审核部门的工作人员每天需要不停地校验和审核各种数据。由于人员和时间问题，该项业务的处理效率无法满足客户需求，且极易造成工作的积压。

为了提高工作效率、缓解人力资源压力，第一生命于 2016 年将 RPA 引入集团业务中，并开启了其企业自动化的历程。2018 年，第一生命将 RPA 软件机器人全面部署在业务频繁的十多个部门，实现了 20 多个业务流程的自动化。例如，在用户资料审核业务领域，通常系统接收到用户的投保信息之后，会审核用户的资质以查看用户是否符合投保标准，避免恶意投保等问题。过去，工作人员需要登录十几个网站、系统和应用程序来逐条查看和审核用户的资料。现在，RPA 软件机器人可以自动接收用户的资料信息，并自动登录审核系统和应用程序，然后根据用户的设定规则对这些数据进行审核。如果符合标准，那么机器人将会发送一条信息，告知用户已投保成功；如果不符合标准，那么机器人也会发送一条信息，告知用户导致投保失败的具体原因。当面对无法处理的数据时，机器人将会把此条信息记录下来并发送给人工处理。在完成所有数据的处理之后，机器人还可以根据预先设定的模板，自动生成智能化数据报告。

此外，第一生命公司还在行政企划部内建立了"机器人管理团队"，与信息科技部合作，共同实施和维护 RPA 软件机器人，确保机器人能够正常运行，并满足内部的合规要求。成立专门团队的好处是，一方面可以统一实施和管理，满足每个部门的自动化业务需求；另一方面可以避免出现业务部门负责人离职或者退休后无法管理 RPA 软件机器人的情况，确保机器人运行的稳定性和连续性。截至 2019 年 12 月，RPA 软件机器人每年可以为该集团节省 27 000 个工时，并节省几十亿日元的人工支出，同时提高了客户的满意度和员工的工作热情。

随着业务需求的不断增加，RPA 将与 AI 技术不断叠加使用，如 OCR、NLP、ML 等，以处理那些非结构化的数据业务。未来，第一生命将持续加大对 RPA 和 AI 等自动化技术的投入，到 2020年年底将有 60% 的业务流程实现自动化，到 2022 年将有 85%的业务流程实现自动化，并在未来 5 年内培养出 2000 名专业的RPA 软件自动化操作人才，以实现其客户至上的经营理念。

如图 9-10 所示的是第一生命的 RPA 应用实践。

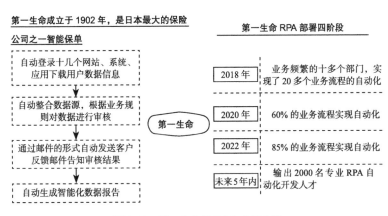

图 9-10　第一生命的 RPA 应用实践

4. HDFC ERGO

HDFC ERGO 综合保险公司（HDFC ERGO General Insurance Company）总部位于印度孟买，是印度 HDFC 银行和德国慕尼黑再保险集团旗下实体 ERGO International 成立的合资公司。该公司为零售行业、企业和农村部门提供保险产品。零售产品包括健康、汽车、旅行、家庭、人身事故和网络安全。企业产品包括责任险、海事险和财产险。农村部门产品则为农民提供农作物保险和牛保险。

由于 HDFC ERGO 的保险业务多元化且涉及多个领域，因此工作人员每天都需要处理上千件索赔案件，这对运营、人力资源、索赔等部门造成了极大的压力。2018 年，HDFC ERGO 关注到 RPA 在保险、银行、证券等行业开始大规模应用，于是决定在索赔、客户两个部门部署 RPA 以提升流程效率，并确定政策发布、索赔、客户服务、信息验证、数据存储等 5 个业务流程作为试点项目率先开始建设。

以下是 HDFC ERGO 部分 RPA 业务的实例分析，在政策发布过程中，HDFC ERGO 部署了 30 个 RPA 保险业务机器人。令人惊喜的是，RPA 处理过的政策数据准确率度高达 99%，远远高于人工处理的结果。RPA 的具体操作过程如下。

（1）自动从 40 ～ 50 个数据来源中获取 Excel、PDF、Word 等格式的文件。

（2）按照预先设定的规则自动检测获取数据的格式，将不符合标准的文件转化为用户设定的文件格式。

（3）将转化后的数据自动录入指定的系统中。

（4）通过发布系统，自动发布这些政策信息，并生成发布报告发送给人工进行审阅。

在索赔业务的处理中，RPA 平均每天自动为 HDFC ERGO 处理大约 1500 件索赔业务，并且可以保证每天 24 小时不间断服务，RPA 的应用帮助 HDFC ERGO 显著地提高了客户的服务质量，同时缩短了索赔业务的整个流程时间。在这个过程中，为了向客户提供更好的用户体验，采用的是员工与 RPA 协同的解决方案。具体来说，当接到用户的索赔案件之后，RPA 自动从第三方搜集各种数据，然后将用户的索赔数据与搜索到的数据进行匹配，如果符合索赔标准，就即刻为用户办理赔偿事宜；如果不符合标准，就 RPA 将此索赔案件转至人工进行处理。

在客户反馈方面，RPA 会自动读取反馈邮箱里的反馈信息，并且通过人工智能自动对数据进行分类并生成数据报表，从而帮助 HDFC ERGO 在产品和服务两个方面对业务进行优化，以满足客户的更多需求。未来，HDFC ERGO 希望集团内有更多的部门能参与到自动化建设中来，并将 RPA 推广到财务、后勤等部门，从而帮助公司实现更多业务流程的自动化。

如图 9-11 所示的是 HDFC ERGO 的 RPA 应用实践。

5. PZU 集团

PZU 集团是波兰的著名保险公司，也是中欧地区最大的保险公司之一，在"《福布斯》2014 年全球企业 2000 强"中排名第 797 位。其可为整个波兰以及欧洲中部和东部地区的客户提供保险金融服务，包括非人寿保险、个人和人寿保险、投资基金和开放式养老基金等。随着 PZU 集团不断地发展，其向越来越多的消费者和企业客户提供了近 200 种保险产品和服务，包括车辆、家庭、旅行、健康、工业机器、运输货物等。

HDFC ERGO 实现了众多业务流程自动化   大幅提升了员工效率，节约了工作时间

业务场景	流程
政策发布	下载外部信息来源数据
	将非结构化信息转化为 Excel、Word 等结构化信息
	整合各数据源
	登录发布系统自动发布
	自动生成政策发布报告
索赔业务	自动从第三方信息源下载信息
	匹配自身系统用户索赔数据
	符合索赔标准自动从线下单进行赔偿
	不符合索赔标准将此业务转至人工服务
客户反馈	RPA 自动读取邮箱里的反馈内容
	对内容进行识别并按标签分类
	自动生成客户数据报表

政策数据监测度   ↑ ↑ ↑

索赔时间   ↓ ↓ ↓

客户体验   ↑ ↑ ↑

图 9-11   HDFC ERGO 的 RPA 应用实践

由于 PZU 集团的业务体系庞大且覆盖多个业务领域，整个集团每天需要用人工方式处理数以万计的索赔、预付款、售后问题等业务。这对运营和人力资源部门带来了非常大的压力，而且很容易造成人为错误和索赔案件积压的问题，严重影响客户的服务体验。

关注到 RPA 机器人在保险行业的大规模应用后，PZU 集团首先在索赔和客户服务部门开展 RPA 机器人的概念验证，并在两周的时间里顺利完成了 POC 测试。随后，PZU 集团将 RPA 机器人推广到数据交互频繁、固定、重复、关键的业务流程中，具体如下。

❑ 更新 PZU 索赔系统中的法律条款。

❑ 发生事故后呼叫协助。

- □ 汽车损坏索赔的初步分析。
- □ 根据提交的发票退还车辆维修费用。
- □ 通过第三方责任保险更换车辆租赁。
- □ 已发生直接费用的数据输入、保单持有人的变更、保险范围的终止等。
- □ 汽车损坏的预付款。
- □ 分娩保险索赔初步分析。

除了上述这些关键流程之外，PZU 集团还将 RPA 应用到索赔处理、核心策略处理、应付款等流程，共计 50 多个业务流程全部实现了自动化，大大简化了业务流程，并节省了员工的宝贵时间和精力。

在 RPA 应用的支持下，24 小时不间断工作的机器人帮助 PZU 节省了一大笔加班费用。每天可以节省 2000 个工时，每年可以减少上百万美元的人工支出。同时，客户服务和整体工作质量也有了明显的提升。客服呼叫中心的时间缩短了一半，平均用时从之前的六分钟缩短到现在的三分钟，而且积压的索赔案件明显减少。在数据处理方面，只要规则的设定准确无误，RPA 就可以保证数据处理结果 100% 准确。

鉴于 RPA 带来的显著成效，PZU 集团计划在未来进一步对其他业务流程实施自动化，准备将集团 80% 的业务全部实现自动化运营。同时，PZU 集团将建立一个内部 RPA 服务中心，主要用来培训员工具备自主设计自动化流程、为自动化流程排查错误等技能，从而让更多的员工参与到数字化转型当中。

如图 9-12 所示的是 PZU 集团的 RPA 应用实践。

6. 苏黎世保险集团

苏黎世保险集团（Zurich Insurance Group）是一家全球领先的多险种保险公司，为全球及本地市场的客户提供服务。公司成立于 1872 年，集团总部位于瑞士苏黎世，其分支机构和办事处遍布北美、欧洲、亚太、拉丁美洲和其他市场，在 2019 年 7 月发布的 "2019《财富》世界 500 强" 中位列第 238 位。苏黎世拥有约 55 000 名员工，为超过 215 个国家和地区的客户提供多种财产保险以及人寿保险的产品和服务，公司客户包括个人、大中小型企业以及跨国公司。

PZU 集团在数据交互频繁、固定、重复、关键的业务流程中部署了 RPA

PZU 关键的业务流程
更新 PZU 索赔系统中的法律条款
发生事故后呼叫协助
汽车损坏索赔的初步分析
根据提交的发票退还车辆维修费用
通过第三方责任保险更换车辆租赁
已发生直接费用的数据输入
保单持有人的变更
保险范围的终止
汽车损坏的预付款
分娩保险索赔初步分析

PZU 关键程序自动化
索赔处理
核心策略处理
应付款对账

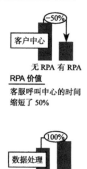

客户中心 -50%

RPA 价值
客服呼叫中心的时间缩短了 50%

数据处理 100%

无 RPA 有 RPA

RPA 价值
100% 的数据准确度

企业数字化水平大幅提升

业务流程 80%

无 RPA 有 RPA

RPA 价值
企业 80% 的业务全部实现业务自动化

人力资源 -2000 个工时

无 RPA 有 RPA

RPA 价值
每天节省 2000 个工时

图 9-12　PZU 集团的 RPA 应用实践

2014 年 12 月，苏黎世开始进行 RPA 试点，并取得了良好的效果。此后，该保险集团在多个业务场景中推进了 RPA 机器人的应用。例如，在索赔流程中，苏黎世通过 RPA 实现了 5 个独立系统的信息交互，从而重新设计和简化了原先的业务流程。此外，苏黎世自主研发了"SIZE"的 OCR 产品，并与 RPA 相结合，实现了医生诊断笔记或死亡证明等非结构化信息的识别与自动录入，有效扩展了传统 RPA 机器人的能力边界。在 RPA 的逐步推广过程中，该保险集团还创建了一个机器人卓越中心。卓越中心主要由运营团队的成员组成，会在 2 ～ 4 周的发布周期内提供新的 RPA 机器人，以供全球子公司下载和使用，从而帮助公司实现更多业务流程的自动化。

　　如图 9-13 所示的是苏黎世保险集团的 RPA 应用实践。

苏黎世保险集团部署 RPA 的举措

- 通过 RPA 跨 5 种系统交互运作实现索赔流程重构
- 自研 OCR 产品获取医生诊断笔记和死亡证明等非结构化信息
- 创建了本集团的机器人卓越中心主要由内部运营团队的成员组成
- 2-4 周内定时发布新的 RPA 自动化流程供应全球子公司下载和使用

后台流程自动化带来了显著效益

运营成本	降低了 51%
人力资源	释放了 25% 的运营团队能力
自动化流程	48 个
节约成本	2018 年超过 10 亿美元

图 9-13　苏黎世保险集团的 RPA 应用实践

　　在 RPA 软件机器人的支持下，苏黎世已经让 48 个业务应用程序全部实现数据自动化，同时将部分运营成本降低了 51%，释放了 25% 的运营团队能力，加速了对现有平台开发路线图的变更，并在 2018 年节约了超过 10 亿美元的成本。

9.4 制造业的 RPA 实战案例分析

1. 东芝

东芝（Toshiba）创立于 1875 年 7 月，是日本最大的半导体制造商，也是第二大综合电机制造商，隶属于三井集团。东芝致力于为人类和地球的明天而努力奋斗，力争成为能创造丰富的价值并能为全人类的生活、文化做贡献的企业集团，其业务领域包括数码产品、电子元器件、社会基础设备、家电等。东芝在"2018 年《财富》世界 500 强"中排行第 326 位。

东芝的闪存世界排名第一，闪存部门是其利润最为丰厚的部门，在东芝 2016 年亏损高达 88 亿美元的情况下，闪存部门仍然盈利，足见其强大的营收能力。不过，在东芝存储器的生产过程中，由于制作出来的每一个闪存都需要在母公司的系统中进行注册，因此衍生出了巨大工作量的数据处理任务，从而严重影响了制作的效率。为此，东芝一直在寻找技术方案来处理重复、烦琐、规则性的工作任务，最终决定选择 RPA 来执行闪存注册流程，具体有以下三点原因。

- ❑ RPA 机器人具有非侵入式的技术特点，其集成和部署都无须对现有系统进行二次开发，这不仅缩短了机器人的部署周期，而且扩展性也非常好，可以根据业务的实际情况添加或减少机器人的业务功能。

- ❑ RPA 机器人可以 7×24 小时无间断地工作，除了工作效率得到了极大的提升之外，其成本只有人工成本的二分之一。

- ❑ RPA 执行任务时遵循预先设定的规则，可以保证处理结果达到100%的正确率。这也契合闪存制造非常精细、容不得出现半点数据错误的工艺要求。

通过采用人机协同的RPA解决方案，东芝使整个闪存制造流程的注册时间缩短了50%，TAT（周转时间）缩短了35%以上。其应用RPA前后的流程对比具体如下。

- ❑ 应用前：首先需要人工搜集闪存数据，进行数据的二次审查，然后编辑和整理数据，最后将数据提交到系统中进行注册。整个过程较为繁杂，且工作量巨大，容易出现人为错误。

- ❑ 应用后：RPA会根据预先设置的地址自动搜集数据，然后进行审查，再提交给人工进行二次审查。所有数据确认完成之后，RPA会自动将数据注册到系统中。

截至2019年，东芝在闪存制造部门已实现了20多个业务流程的自动化，总共部署了300多个RPA机器人，每年能为整个部门节省数千万美元和40 000个工时，大幅提升工作效率和数据准确率，这对于东芝来说是一次巨大的成功。

如图9-14所示的是东芝的RPA应用实践。

2. 施耐德电气集团

施耐德电气有限公司（Schneider Electric SA）成立于1836年，是总部位于法国的全球化电气企业，是全球能效管理和自动化领域的专家。该集团2019财年的销售额为300亿美元，在全球100多个国家设有办事处和子公司，拥有超过16万名员工。在2019年的世界500强企业排名中，施耐德电气位列第411位。

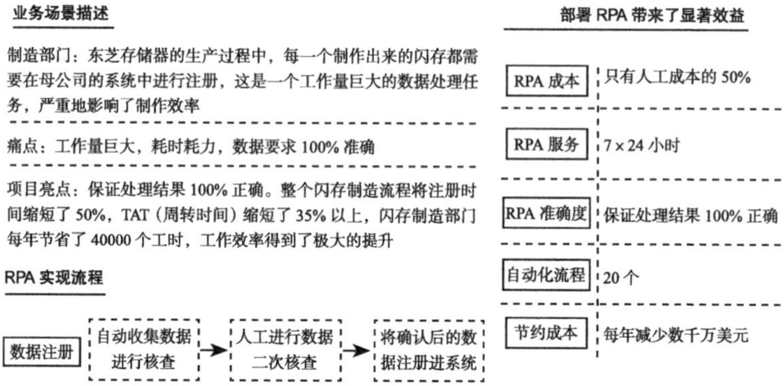

图 9-14　东芝的 RPA 应用实践

施耐德电气在全球范围内拥有众多销售网点，其全球客户服务中心需要每天 24 小时不间断地为全世界的商家客户解决大量售后问题，这对客服部门和人力部门带来了极大的挑战。经过多方位的考察和研究，施耐德电气集团发现 RPA 具有非侵入式、速度快、零误差的技术优势，并已经在全球各行业广泛应用，于是决定使用 RPA 来简化客户服务流程，以达到节省时间和提高客户体验的业务预期。

施耐德电气集团的客户服务部门一共部署了三款 RPA 机器人：

第一款机器人负责客户问题解答，主要通过人工智能和机器学习为客户解决各种常见问题，例如，各种系统的操作说明、配置安装、数据更新等问题；

第二款机器人负责搜集客户的反馈信息，RPA 定期从客服系统或者邮箱内提取客户的反馈信息，并且根据数据类型进行分类，然后生成反馈报表；

第三款机器人协助客服人员共同工作，该机器人主要为客服人员呈现当前客户的信息资料、常见问题，以及查询信息等。

　　此外，施耐德电气在集团内部设立了 RPA 服务中心，一方面可以为每一位员工提供视频和案例教学，保证每位员工都能熟练地掌握和操作 RPA 软件机器人；另一方面还提供了 RPA 维护服务，包括错误流程排查、RPA 定期维护、数据更新等，以确保 RPA 能正常稳定地执行各项任务。

　　作为一家有百年历史的工业电气巨头，施耐德电气集团正在实施"RPA 三步战略"以实现数字化转型，截至 2019 年，第一步战略已经完成。施耐德电气集团在客服部门部署了大约 150 个 RPA 步机器人，主要为客户处理简单交易和售后问题，整体客服效率提升了 50% 以上，每年将节省上千万美元的人工支出费用。接下来的两个阶段则会较为复杂，计划通过自然语言处理、数据分析、机器学习来提高制造部门的工作效率。未来，施耐德电气集团会将每年收入的 5% 用于科技创新，其中很大一部分将用于 RPA 等数字化转型战略项目，以保证产品、设备、资产的安全、稳定和高效运转，并推动企业的数字化转型升级。

　　如图 9-15 所示的是施耐德电气的 RPA 应用实践。

施耐德电气集团是总部位于法国的全球化电气企业

集团年营业额超过 300 亿美元
在全球 100 多个国家设有办事处和子公司
拥有员工超过 16 万名
其全球客户服务中心需要 7×24 小时不间断地为全世界的客户解决大量售后问题

We are Schneider Electric

部署 RPA 带来了显著效益

RPA 数量	仅客服部门就有 150 个
RPA 服务	7×24 小时
提升效率	50%
节约成本	每年减少数千万美元

图 9-15　施耐德电气的 RPA 应用实践

3. 美国斯丹德公司

美国斯丹德公司（Stant USA Corporation，Stant）总部位于美国中北部的印第安纳州康纳斯维尔，是一家专为汽车提供原始设备的制造商，服务客户包括大众、丰田、伟世通、福特、通用等世界级汽车生产商。通过 RPA 实现发票信息提取的自动化，Stant 将工作效率提升了 700%，消除了发票积压的安全隐患并大幅节省了人力成本。

在使用 RPA 之前，Stant 需要从多个系统中人工提取发票信息，由于公司的业务量实在是过于庞大，因此经常会积压大量的发票，几周甚至几个月都无法处理完成。针对这一情况，Stant 尝试雇佣临时工来处理这些发票，但是仍然无法赶上发票的增长速度。为了解决这一难题，Stant 关注到了 RPA 机器人，并将它成功应用到了发票的自动化处理业务中。

在发票提取方面，整个自动化流程具体分为如下步骤。

（1）RPA 自动查看合作商的电子邮件，扫描并定位带有发票关键字的邮件。

（2）自动下载邮件中的 PDF 附件，重命名后按照供应商编号、发票编号存储在指定的位置。

（3）通过 OCR 阅读器，将其转换为 Excel 结构化数据，同时根据设定规则对数据进行识别和准确性校验。例如，价格字段肯定是数字，若是其他类型，就判定该信息识别错误。

（4）对于识别错误的发票，RPA 会将错误信息发给人工，由人工干预和处理。

在发票匹配方面，Stant 为向其发送发票最多的 50 家供应商部署了 3 个 RPA 软件机器人。机器人 1 用于发票匹配，机器人 2

用于发票的再次匹配（如果机器人 1 在第一次尝试时找不到匹配的发票，那么将触发机器人 2），机器人 3 用于人工触发并接收发票。在这个流程中，自动化过程具体如下。

（1）RPA 会登录 2 个 ERP 系统，并自动检查发票的匹配情况，确认工作人员是否完成了匹配操作。

（2）对于未匹配的发票，RPA 根据供应商、托运人编号以及条码信息等关键字段来找到与之相匹配的用户记录。

（3）若发现信息匹配，流程结束。若发现信息不匹配，RPA 将会详细比较供应商提供的 Excel 表格与转录数据之间的每个字段，包括数量、价格、部件编号等信息。

如图 9-16 所示的是 RPA 匹配的结果图。

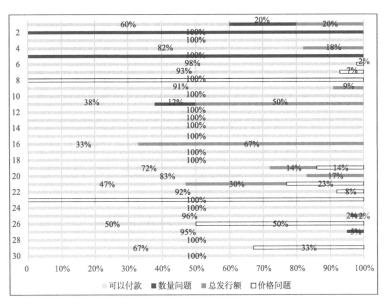

图 9-16　近 30 天内机器人流程处理直接结果

为了解决如图 9-16 所示的这些匹配错误，Stant 的第二个 RPA 机器人"再次匹配机器人"将发挥重要作用。它会根据时间、录入信息、字段等信息再次进行匹配与尝试。如果在限定的时间内，"再次匹配机器人"仍然无法完成匹配，那么将由人工来处理这些信息。机器人每次启动流程以及每次完成工作流程时都会发送电子邮件通知管理人员，员工只需要查看所有任务日志即可了解工作的进程。

除了发票提取和匹配，Stant 还将 RPA 应用于客户服务，RPA 机器人每晚都会从系统中提取应收账款发票，然后通过电子邮件发送给客户。如果客户希望获得纸质格式的发票，那么 RPA 可以将信息发送给打印机并进行打印，再由员工邮寄给客户。

通过 RPA 机器人的应用，Stant 的发票积压时间从以前的几周甚至几个月的时间缩短到了 4 天以内，显著提升了发票处理的工作效率。同时，Stant 无须雇佣临时工来处理积压的发票，每年将节省几十万美元的人力成本。此外，Stant 的很多合作伙伴也被 RPA 的魅力所折服，已经开始逐步使用 RPA 机器人来处理各式各样的工作流程，如搜集数据、提取报告、处理数据分析报告等。最重要的是，RPA 是基于预先设定的规则来执行的，其安全性和零错误率也是让企业满意的地方，成为企业最可靠的数字员工。

9.5 政务办公领域的 RPA 实战案例分析

1. 美国政务行业

美国总务管理局（General Services Administration，GSA）是美国政府的一个独立机构，其支持和管理着联邦政府机构的基本运行，为联邦客户提供跨行业的产品配送、服务和政策支持等。美国总务管理局为帮助联邦政府的各个部门更好地应用 RPA 机器人，特意创建了一个 RPA 实践社区（CoP）。目前该社区已受到各个政府部门的广泛关注，这些部门包括美国国税局、食品药品监督管理局和国防部等。

（1）美国国税局

美国国税局一直是热衷于 RPA 机器人应用的政府机构之一，其利用 RPA 机器人主要处理如下 3 大类业务。

- ❑ 数据验证：纳税申报验证、现金对账、资产审核、发票验证等。
- ❑ 数据提取：发票提取、用户数据提取、汇率转换等。
- ❑ 数据录入：用户数据录入、发票数据录入等。

在过去的五年中，通过 RPA 机器人的应用，美国国税局将整个办公室的采购工作时间缩短了 10%，人工支出和日常支出也大幅度减少，员工的满意度不断提升。尤其是在工作量猛增的时候，RPA 机器人为他们提供了巨大的帮助，有效地解放了大量用于重复工作的劳动力，使他们可以将时间和精力用在更人性化的业务上。

（2）联邦药物评估和研究中心

联邦药物评估和研究中心（Center for Drug Evaluation and Research，CDER）负责新药和生物产品的上市与审批。在美国销售药品，制造商必须向 CDER 提交上市计划，CDER 每周都会收到数千份申请。在过去，CDER 的许多员工每天的大部分时间都在处理重复且价值较低的工作，例如，数据的复制和粘贴、收发固定邮件、会议安排等。而现在，RPA 机器人可以根据管理者设

定的条件自动审核申请，再将信息从 PDF 文件中转录到 CDER
系统中，然后根据药品的种类对这些信息进行分类，最后为每一
家制药商自动分配一个生产序列号。

截至 2019 年，CDER 已经实施了 7 个 RPA 机器人项目，处
理的工作涵盖从日常办公到科学研发的各个环节。在部署了 RPA
机器人之后，CDER 每年可节省大约 24 000 个工时，并让员工聚
焦在更有价值的科学研发任务上。

（3）美国海关和边境保护局

美国海关和边境保护局（U.S.Customs and Border Protection，
CBP）是美国国土安全部的联邦执法机构，总部设在华盛顿特
区。该局负责征收关税并执行美国贸易、海关以及移民等方面的
法律。由于系统升级，其不得不将 30TB 的电子邮件迁移到新系
统。CBP 本来计划依靠一个员工志愿者团队来完成该项工作，但
耗时长达两个月。凭借 RPA 技术，CBP 在一天之内将相当于 3.5
亿封的电子邮件成功地从一个系统转移到了另外一个新系统中。

如图 9-17 所示的是美国政务行业的 RPA 应用实践。

上述列举的 RPA 项目所取得的良好效果让联邦政府机构深
刻地了解到 RPA 是如何工作的，这也为其他部门使用 RPA 打下
了坚实的基础。他们计划采用新的技术，如 RPA、人工智能和机
器学习等，简化烦琐的流程，让职员获得更多实质性的、以任务
为导向的工作。

2. 澳大利亚政务行业

（1）澳大利亚地球科学部

澳大利亚地球科学部（Geoscience Australia）是澳大利亚政

府的下属部门。它负责调查澳大利亚的大陆地质、地球物理和地质灾害，以及一系列环保、土地和地下水管理问题，以协助政府和社区就自然资源的使用、环境管理和社区安全做出明智的决定，并将澳大利亚的陆地范围扩展到澳大利亚广阔的海洋管辖范围。

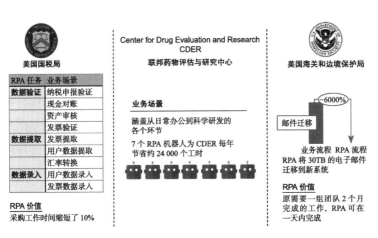

图 9-17　美国政务行业的 RPA 应用实践

这些工作职责为澳大利亚地球科学部的工作人员创造了不同的旅行需求，包括到澳大利亚偏远地区工作的需求。原始的系统使旅行卡与澳大利亚地球科学部的金融系统之间的协调变得困难，并阻止了办公室局域网之外的移动设备的使用。

为此，澳大利亚地球科学部需要一个低代码解决方案，实现与澳大利亚地球科学金融系统的无缝集成，以促进自动旅行卡对账流程的自动化。基于初始的解决方案所带来的良好成效，澳大利亚地球科学部计划在其他的业务领域进一步开发新的自动化流程，包括旅行预审批、安全事件和危害报告、图书馆和教育、产品和促销、通信服务、员工的入职和离职等业务领域。

（2）澳大利亚知识产权局

澳大利亚知识产权局（IP Australia）是澳大利亚管理知识产权的政府机构，负责管理澳大利亚的知识产权制度，涉及专利、商标、外观设计等领域，每年会处理大约 850 000 个 IP 服务请求，其中包括超过 160 000 个新的知识产权申请。

通过部署 RPA 机器人，澳大利亚知识产权局对整个 IP 申请流程进行了简化，并大幅度提升了工作效率。随后，澳大利亚知识产权局部署了多个 RPA 机器人，使烦琐的业务流程实现自动化，以便更快、更有效地完成大量枯燥的数据输入任务，并帮助其员工处理不断增长的工作量，使其快速适应现代化工作并降低成本，从而向公民提供更好的服务。RPA 的加入为流程的快速自动化注入了动力，进一步加速了澳大利亚知识产权局的数字化转型之旅。

9.6　综合行业的 RPA 实战案例分析

1. Mindfields Australia

Mindfields Australia 是澳大利亚最大的私营医院集团之一，也是澳大利亚和新西兰领先的高质量医疗保健服务提供商，拥有超过 15 000 名员工。Mindfields Australia 每年需要处理超过 30 000 个供应商的发票识别与转录任务，随着业务的不断增长，这一问题日益凸显并给人力资源部门和运营部门带来了极大的挑战。

在过去，Mindfields Australia 雇佣了超过 40 名的全职员工来人工识别通过电子邮件收到的发票，先将其分类为 PO 与非 PO 发票，再将其转录到公司的 Oracle 财务软件中。这一繁杂的工作耗费了员工的大量宝贵时间和精力，且容易出现错误。而现在，RPA 财务机器人会自动登录共享电子邮件收件箱，完成发票识别与下载。然后，通过 ABBYY FlexiCapture 产品将数据捕获到 Excel 中。最后，RPA 登录 Oracle 财务系统，输入与 PO 相关的项目数据，再执行验证，而对于非 PO 发票，则直接输入项目数据并发送发票以进行授权。

发票处理是常规的业务流程，在特定时期内可能会出现销量激增的情况。在这个项目中，Mindfields Australia 通过 ABBYY 的 AI 驱动的智能捕获技术，将 RPA 解决方案扩展到半结构化或非结构化文档的新流程中，使得发票处理时间减少了 90%，发票处理的准确率可达到 100%，显著提高了业务流程自动化的程度，并缩短了实现价值（ROI）的时间。

如图 9-18 所示的是 Mindfields 的 RPA 应用实践。

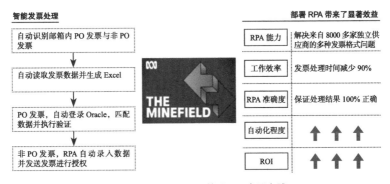

图 9-18 Mindfields 的 RPA 应用实践

2. Mphasis

Mphasis 是印度主要的软件外包企业之一，在全球有 2000 多家企业客户，主要业务包括云服务、区块链技术、Autocode. AI 等。其在印度设立了 3 家子公司，拥有 1000 多名技术工程师。由于 Mphasis 与全球众多公司有业务来往，每天都要处理大量的发票、收款票据和合同，因此 Mphasis 部署了一个名为 Dexter 的 RPA 机器人，将其应用在财务、销售、客服和会计部门，显著提高了流程效率并节省了员工的宝贵时间。

Dexter 可以帮助财务部门自动管理发票，通过数据提取、验证和二次处理，根据用户设定，将来自不同国家的发票处理成统一的格式，然后发送给财务人员进行审阅。

整个自动化处理流程的步骤具体如下。

（1）RPA 通过关键字识别，读取具有特定主题的结构化电子邮件，并提取附件中的发票。

（2）通过 OCR 技术识别附件中的 PNG、JPG、PDF 等格式的发票信息。

（3）根据预定义的标准格式，RPA 将提取到的信息进行二次转换，使其格式统一。

（4）根据用户预留的电子邮箱地址，RPA 将处理后的发票信息发送给指定的财务人员。

在 RPA 财务机器人的支持下，Mphasis 完成了所有会计和财务工作流程的自动化，提升了跨国公司之间发票和收款的处理效率，并帮助财务和会计团队节省了大量时间和精力。例如，以前处理一张发票大概需要 30 分钟，错误率约为 13%，应用 RPA 之后，整个流程只需要 20 秒左右，并且可以达到 100% 的正确率。

除此之外，Mphasis 每年还可以节省上百万美元的人力成本。

如图 9-19 所示的是 Mphasis 的 RPA 应用实践。

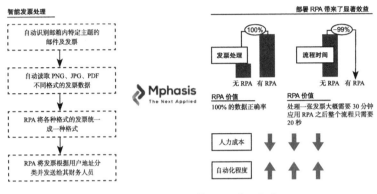

图 9-19　Mphasis 的 RPA 应用实践

目前，Mphasis 成立了专门的 RPA 服务中心，旨在帮助希望学习和使用 RPA 的员工，内容包括自动化流程设计、自动化流程排错、在线视频教育、自动化流程维护等，从而更好地在集团推广和普及 RPA。未来，Mphasis 希望将更多的人工智能技术（例如，Optimize AI（流程挖掘）、认知智能、图像识别、语音转换、预测分析等技术）与 RPA 相结合，以处理那些更复杂的非结构化数据和业务流程，帮助集团实现更多的业务流程自动化。

3. 美国当纳利集团

美国当纳利集团（RR Donnelley）成立于 1864 年，总部位于芝加哥。作为全球领先的整合传播方案服务商，为全球 6 万余名客户打造低成本、高回报且高质量的传播方案。凭借丰富的经验和成熟的技术，其为各个领域的客户提供印前媒体、印刷、物流和外包服务。当纳利集团在北美、亚洲、拉丁美洲以及欧洲共设有 600 多家分支机构，员工总数超过 58 000 人。2011 年，当纳利全球销售额超过 106 亿美金，位列"美国财富 500 强"第 247 位。

当纳利集团将内部管理客户的通信业务作为应用 RPA 的主要业务场景。在通信业务流程中，当纳利集团与金融机构合作，向客户提供银行对账单服务；与医院合作，向患者提供医疗保健文件数据等。在此类业务中，要完成数据编译、数据编码、数据分类等工作，并将指定数据放在指定文档或者系统中，需要耗费大量的时间和人力成本，而且难以避免人工错误。RPA 可以完美地处理那些基于规则、固定、重复的工作。在应用 RPA 之后，当纳利集团的整体业务效率提升了 3 倍以上，结果准确率达到 100%，而且节省了大量的工作时间，提高了整体服务的质量。此外，考虑到 RPA 的技术优势，当纳利集团还将 RPA 应用于公司业务流程中的外包服务，其中包括亚洲的海上业务，该公司承担了大量客户的数据管理流程。

如图 9-20 所示的是当纳利集团的 RPA 应用实践。

截至 2019 年，当纳利集团已经提出了 90 多个关于 RPA 的业务流程自动化，其中 20 项已相继实现。为了更好地承接 RPA 机器人的运维工作，当纳利集团在企业内部建立了 RPA 卓越中心，该中心已有 10 ～ 15 人全职从事 RPA 工作，主要负责流程自动化设计、流程排错、技术普及等工作，以帮助企业设计和扩展更多的自动化业务流程，同时也帮助企业解决在自动化中遇到的难题。数字化转型是每一家企业都必须经历的过程，RPA 既是一项文化转变，也是一项技术创新。在 RPA 和 AI 技术的助力下，当纳利集团将会在数字化转型的旅途上走向更广阔的空间。

当纳利集团成立于美国芝加哥

是一家拥有 155 年历史的综合性集团在北美、亚洲、拉丁美洲以及欧洲共设有 600 多家分支机构，员工总数超过 42 000 人，年营业额超过百亿美元

业务场景描述

通信部门例如，金融机构雇用 RRD 向客户提供银行对账单，医院则要求 RRD 向患者提供医疗保健文件数据等。在处理此类通信工作时，RRD 需要在准备工作上花费大量的时间，包括数据编译、数码编码、数据分类、同时还要把指定数据放在指定文档或者系统中

痛点

耗时长　数据类型多　工作量大　极易出错

RRD 已经提出了 90 多项关于 RPA 的业务流程自动化，其中 20 项已实现工作效率提升 3 倍以上，处理结果准确率达到 100%

图 9-20　Mphasis 的 RPA 应用实践

315

4. 法国布依格集团

法国布依格集团（Bouygues Group）是法国一家成立于 1952 年的综合性业务集团，它在全球拥有超过 11.9 万名雇员，公司业务涉及六个行业：电信、通讯、公共服务管理、BTP、道路和房地产。2017 年，面对不断增加的工作量，布依格集团的电信部门开始实施 RPA 项目。在 RPA 的帮助下，布依格集团电信部门在短短一年的时间内节省了超过数百万欧元的支出成本，同时显著提高了工作效率，节省了员工的宝贵工作时间，并提高了客户满意度。

布依格电信部门在两个月内完成了 RPA 的功能测试，涵盖 RPA 机器人与其他程序之间的集成与通信能力，RPA 机器人对结构化数据与非结构化数据的提取、录入与报告生成能力。在见证了 RPA 技术的强大能力之后，客户关系部门和财务部门也相继推进 RPA 项目的试点工作，这两个部门每天需要处理海量的数据。例如，布依格的财务部门常常需要处理涉及货币转换、语言、时差等跨国性财务问题，人工操作往往无法做到数据实时同步，而且数据繁多，难以避免出现人工失误。在 RPA 项目启动一年后，布依格的电信部门实现了超过 50 个业务的流程自动化，为电信部门节省了超过数百万欧元的财务支出，随着 RPA 的不断深入推进，未来其有效价值还将不断增加。

布依格集团电信部门 RPA 项目的成功使集团内部其他部门对 RPA 技术产生了极大兴趣。随后，布依格集团财务部门开始正式设计了多个 RPA 业务流程自动化实例，包括应付账款和应收账款的自动化流程、付款和采购订单的自动匹配流程、财务每日/周/月的财务报表自动生成流程，以及合同自动审计流程等。

在 RPA 业务流程自动化运行一个月之后，布依格财务部门的工作效率已经有了显著的提高，具体如下。

    ❑ 发票与商家的匹配度提高了 40%。

    ❑ 会计工作效率提高了 50%。

    ❑ 财务部门与其他部门的业务协同效率提高了 65%。

    ❑ 应付和应收账款速度提高了 37%。

如图 9-21 所示的是布依格集团的 RPA 应用实践。

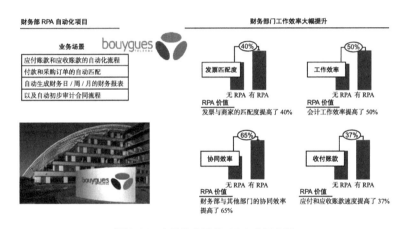

图 9-21　布依格集团的 RPA 应用实践

为了帮助公司员工快速学习 RPA 技术，并持续推进 RPA 项目的建设，布依格集团专门建立了内部 RPA 服务中心，为 RPA 项目提供 RPA 专业知识学习、RPA 示例流程解析、RPA 专业流程设计，以及 RPA 项目的后续维护等。未来，布依格集团计划将 RPA 引入建筑、房地产、基础建设等部门，届时 RPA 服务中心将为更多部门提供 RPA 的培训、设计、部署、维护等服务，帮助这些部门加快数字化转型。同时，布依格计划将 RPA 机器人与 AI 技术进一步融合，以在非结构化数据处理方面获得更多应用，进一步实现全集团的业务流程自动化。

5. EPlus

EPlus 是日本最大的综合类现场娱乐线上票务网站，也是亚洲三大票务销售网站之一。其主营业务为出售音乐会、节日表演、体育赛事和剧院等各种门票。该公司每年会处理超过 100 000 种的演出产品，年营业额折合人民币约 320 亿元，服务会员的数量超过 1200 万。EPlus 每日需要上架超过 300 个产品，还需要处理采购、销售、财务、客户运营等业务。随着业务发展，EPlus 人力资源和运营部门的工作压力越来越大，无法完全保证业务信息实时更新。2017 年，EPlus 将 RPA 技术纳入企业日常运营中，以处理那些基于规则、重复、烦琐的业务。经过短短一年的时间，RPA 为 EPlus 节省超过数千个工时，营销收入提升超过30%，同时在客户咨询、售后服务等方面有了大幅提升，其 RPA 业务的应用分析如下。

第一，演出信息提取流程自动化。

随着 EPlus 业务的多元化发展，其售卖的票务种类也在慢慢增多。数量众多的演唱会、体育比赛、剧场的上架信息需要提前发送至 EPlus 的营销部以排队等待上架。在过去，需要人工接收这些信息并进行提取工作，接收到的信息格式多种多样，演出的场地和时间也会随时发生变化，这为人工带来了巨大的工作量，而且无法完全保证数据实时更新。在应用 RPA 技术之后，RPA 机器人会定期自动扫描接收信息的邮箱，如果发现有新的演出信息，则将自动提取相关信息，并将数据存储在 Excel 表格中。当RPA 扫描到的是演出的更新信息时，则将自动提取相关信息，并自动更新对应的信息。如发现有无法更新的信息，则将其发送给人工处理。RPA 的应用使得整个业务流程的时间缩短了 40% 以上，数据的准确率提升超过 85%。

第二，票务上架信息审核流程自动化。在过去，该业务需要员工手动依次发布包括演员名字、场次、地址、演出时间、简介、视频预告等相关的演出信息，整个业务流程的操作大约需要 15 分钟，并且需要人工反复比对信息以防止错误发生。应用RPA 之后，RPA 机器人从 Excel 表格中读取所有待上架的票务信息，然后自动上传至 EPlus 票务后台，在所有信息上传完毕后开始自动与 Excel 表格中的信息进行对比。如果发现数据错误，就会马上修改并记录。在 RPA 机器人执行完所有的流程之后，RPA系统将自动生成操作记录，并以邮件的方式发送至管理员处，以备后续使用。整个业务流程可以由 RPA 自动处理，节省了大约50% 的时间，完全脱离人工干预，并可以 7 × 24 小时无间断地执行，大幅提升了票务上架的效率。

截至 2019 年，EPlus 利用部署的 200 多个 RPA 机器人实现了 30 多个业务的流程自动化，每年可以有效节省超过 6000 个工时，未来计划将 RPA 扩展应用到招聘、财务、会计、审核等其他众多部门。通过 RPA 机器人的应用，EPlus 将解放出来的员工调派到客户服务部和其他部门辅助工作，以处理价值更高、更人性化的工作，这一调整直接为人事部门降低了 30% 的招聘压力。此外，随着 RPA 机器人对 EPlus 业务的强力支持，EPlus 计划在企业内部建立 RPA 卓越中心以帮助更多员工学习 RPA，以更好地开展 RPA 的分析、开发和维护工作。同时，EPlus 准备将以前因流程过于烦琐而抛弃的业务通过 RPA 技术重新启动。RPA 已不仅是业务操作中的一环，而且是整个企业实现数字化转型的最重要技术工具。

如图 9-22 所示的是 EPlus 的 RPA 应用实践。

数字化转型是每一家企业都必须经历的过程，RPA 项目既是一项文化转变，也是一项技术创新。本章重点阐述了国外银行、保险、制造、政务等行业典型客户的 RPA 项目实践案例，而对于国内企业来说，在着手 RPA 能力建设之前，企业管理者需要明确的是，RPA 建设是在运营流程改造的大背景下进行的，然而，国内和国外企业的发展往往有着不同的变革经历，在运营流程的管控机制、人员配置等要素上也不尽相同。因此，基于运营流程改造的 RPA 建设也要做到有机结合：既要积极借鉴国外领先的实践经验，又要充分考虑本土的发展现状，切不可生搬硬套、照本宣科，而应通过不断的技术探索和业务实践，逐渐探索出与自身特点相匹配的 RPA 解决方案，以实现企业的自动化升级与数字化转型。

EPlus 是日本最大的综合类现场娱乐在线上票务网站

EPlus 每天需上架约 300 多个产品，同时处理采购、销售、财务、客户运营等业务

已部署 200+RPA 机器人，实现 30 多个业务流程自动化，每年节省约 6000 工时，为人事部门减轻 30% 的招聘压力

RPA 流程示例

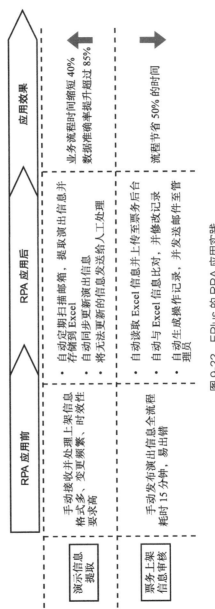

RPA 应用前	RPA 应用后	应用效果
演示信息提取	手动接收并处理上架信息 格式多、变更频繁、时效性要求高	·自动定期扫描邮箱，提取演出信息并存储到 Excel ·自动同步更新演出信息 ·将无法更新的信息发送给人工处理	业务流程时间缩短 40% 数据准确率提升超过 85%
票务上架信息审核	手动发布演出信息全流程耗时 15 分钟，易出错	·自动读取 Excel 信息并上传至票务后台 ·自动与 Excel 信息比对，并修改记录 ·自动生成操作记录，并发送邮件至主管理员	流程节省 50% 的时间

图 9-22　EPlus 的 RPA 应用实践

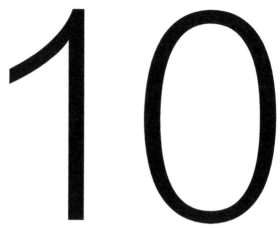

|第 10 章| C H A P T E R 1 0

RPA 的未来发展趋势

  RPA 在 2019 年的发展势头非常迅猛，各大企业都在利用 RPA 机器人执行数据输入、数据收集、交叉信息检查和验证信息等操作。目前，大量的 RPA 机器人还仅限于辅助人工完成基础的数据输入和应用调度等简单、重复、有规律的任务，只是帮助人执行预先定义好的流程，需要人在初始化和运行的过程中参与监控，以确保实施的准确性。

正在演化发展中的智能 RPA，将通过 AI 技术（例如，OCR 和 NLP）自动化处理目标文档中的非结构化数据，如发票或往来客户邮件。智能 RPA 每次执行的动作都是一致的，它们会从每次的重复执行动作中去进行"学习"，不断为 OCR 获取更多的数据集，增加 NLP 的语料库，但智能 RPA 不会在每天程序化的工作中进行自我改进和寻求更优的解决思路。

在更远一些的未来，随着 AI 技术中的运算智能、感知智能、认知智能等（它们的关系如图 10-1 所示）技术越来越多地被提及与讨论，高度智能化的 RPA 或许可以通过自主的学习和判断，自定义新的机器人来适应动态的规则，还可以结合外部知识做出更好的决策。可以想象，将来 RPA 所能实现的自动化流程功能将会更加广泛，也更加智能，为客户带来更前沿的数字化变革能力。

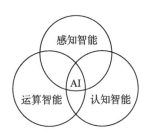

图 10-1　AI 与运算智能、感知智能和认知智能的关系

10.1　RPA 技术的发展趋势

RPA 技术和 AI 技术在过去一直被视作相互独立的两个领域，看似不相关的两种技术，实际上二者高度互补，并不矛盾。AI 技术是 RPA 技术快速发展的基石，RPA 技术在 AI 技术的不

断加持下，能够实现深度的业务场景覆盖，完成复杂的系统操作和数据获取，达到接近人或超过人的准确率，打破传统 RPA 只能按照特定规则处理业务的局限。

10.1.1　AI 技术发展趋势预测

AI 技术是 RPA 技术的发展驱动力。业内普遍认为，AI 技术的主要发展趋势是运算智能、感知智能和认知智能的发展，三者含义如下（如图 10-2 所示）。

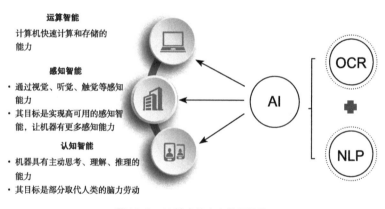

图 10-2　AI 技术的未来发展趋势

（1）运算智能是指计算机快速计算和存储的能力。

（2）感知智能是指通过各种传感器获取信息的能力，包括视觉、听觉、触觉等感知能力。人和动物都具备，能够通过各种智能感知能力与自然界进行交互。如语言识别、计算机视觉、人机交互等。

（3）认知智能即能理解、会思考，指机器具有主动思考、理解、推理的能力。不用人类事先编程就可以实现自我学习，有目的的推理并与人类自然交互，如机器智能决策等。

在不久的将来，RPA 技术在计算机算力和存储能力不断提升的基础上，与感知智能（如语音识别、手写识别、图像识别等）、认知智能（如人际交互、智能阅卷等）相结合，打造出能够模拟人类进行业务决策和业务处理的智能 RPA 机器人。智能 RPA 机器人可以学习人的业务处理经验，协助人类在业务场景下做出判断和决策并完成复杂的系统操作。

业内普遍认为，感知智能的目标是实现高可用的感知智能，让机器有更多感知能力，其任务主要包括语音识别、手写识别、图像识别等。通过语音识别，一方面可以增加 RPA 机器人操作的信息输入，另一方面可以让人与智能 RPA 机器人通过语音进行操作交互，随时改变操作流程，灵活调整 RPA 软件机器人的工作方式。通过感知智能赋能手写识别，可以提高 OCR 对静态手写单据的识别准确率，从而提高 RPA 机器人操作的准确率。智能 RPA 机器人与图像识别和计算机视觉技术的融合极大地扩展了 RPA 的能力边界。

认知智能的目标是，实现认知智能的突破，部分取代人类的脑力劳动。2020 年 1 月，在阿里巴巴达摩院发布的 2020 十大科技趋势预测中，"人工智能从感知智能向认知智能演进"这一趋势位列榜首。人工智能已经在"听、说、看"等感知智能领域达到或超越了人类水准，但在需要外部知识、逻辑推理或者领域迁移的认知智能领域还处于初级阶段。而认知智能，则是未来人工智能热潮能否进一步打开天花板，形成更大产业规模的关键因素。达摩院认为，认知智能将结合自然语言处理、跨领域知识图谱、因果推理、持续学习等技术，建立稳定获取和表达知识的有效机制，让知识能够被机器理解和运用，进而实现感知智能到认知智能的关键突破。

10.1.2 RPA 与 AI 技术加速融合

从感知智能向认知智能演进已然是 AI 发展的必然趋势，当感知智能出现乏力时，认知智能的出现可以将产业升级拉到快车道。换言之，RPA 与 AI 技术相融合是 RPA 与认知智能的加速匹配，认知智能的发展决定了 RPA 技术未来的发展和应用趋势。

自然语言处理技术和知识图谱是认知智能技术发展的基石，自然语言处理技术的作用是将自然语言转化成机器可以理解的符号，知识图谱的作用是通过语义把各种实体关联起来。知识图谱中数据的主要来源有各种形式的结构化数据、半结构化数据和非结构化文本数据。日常工作中大多数的信息都是以非结构化文本的形式存在的，而非结构化文本的信息抽取能够为知识图谱提供大量较高质量的三元组事实（实体 – 属性 – 实体），是构建知识图谱的核心技术。基于知识图谱内部存储的大量实体以及实体间的关系，RPA 在进行业务操作时，一方面可以根据业务场景准确地操作并返回答案，另一方面可以对相关体系和发展脉络进行跟踪，提供基于语义的文本内容关联分析，协助业务人员进行符合实际场景特征模型的业务预测。

举一个我们实施的 RPA+AI 在科技政策类场景中的例子，能够更好地体现智能 RPA 机器人如何与 AI 进行相融合，并在实际场景中成功落地。RPA 通过人工智能语义分析，判断政府政策要求与互联网企业的条件是否匹配，实现政策与企业双向智能匹配，加快推进"互联网＋政务服务"的建设落地。

该项目基于科技政策知识图谱来完成 RPA 机器人的操作。在构建和应用科技政策知识图谱的过程中有几个重要环节，主要包括知识体系构建知识获取、知识融合、知识存储、知识推理和知识应用等。具体描述如下。

- ❑ 知识获取是对海量的科技政策文本数据进行信息抽取，其方法根据所处理数据源的不同而不同。
- ❑ 知识融合是对不同来源、不同语言或不同结构的科技政策知识进行融合，从而对已有知识图谱进行补充、更新和去重。
- ❑ 知识存储是研究采用何种方式对已有知识图谱进行存储，目前大多采用基于图的数据结构对知识图谱进行存储。
- ❑ 知识推理是通过知识建模、知识获取和知识融合构建一个可用的知识图谱。但是，由于处理数据的不完备性，所构建的知识图谱肯定存在知识缺失现象（包括实体缺失、关系缺失）。由于数据的稀疏性，我们也很难利用抽取或者融合的方法对缺失的知识进行补齐。因此，需要采用推理的手段发现已有知识中隐含的知识。目前知识推理的研究主要集中在对知识图谱中缺失关系的补足，即挖掘两个实体之间隐含的语义关系。

基于时间维度，对政策文献进行自动标识，利用相应的 NLP 组件抽取出政策名称、政策发布时间、政策来源、政策主题、政策关键字等要素，用它们作为实体、属性、关系的三元组，并与政策知识图谱做映射匹配。在基于知识图谱的智能问答应用中，可以按照时间的由远及近，让政策的权重递增，通过图谱上下级关系的连线的数量进行评估，连线越多，重要程度越低。

基于政策知识图谱的构建，RPA 机器人可以实现如下效果。

❑ 智能 RPA 机器人可以打造数据万花筒，轻松应对复杂业务场景的系统操作，解决增强关联数据的可解释性。

❑ 智能 RPA 机器人可以多维度评估企业的发展指数，对企业目前的规定与政府政策之间的差异进行量化评估，并综合专业政策解读经验提供行动建议，为企业实现降本增效的目的。

❑ 智能 RPA 机器人实现政策文本的精准定位，面向用户提供基于政策文献的细颗粒度内容的查询，打破传统 RPA 通过既定规则实现检索或查询的机制。

❑ 智能 RPA 机器人可以提供国内外科技政策研究趋势比对、区域科技政策热点指数、科技政策研究热点分析与趋势研判等高端服务，辅助政策研究人员起草政策、提供办事依据、提升业务人员的对外服务质量。

展望未来，智能 RPA 机器人将会汇集更多的先进技术，使 RPA 机器人更智能化，使企业实现从传统技术平台到自动化业务平台的转变，使员工能够从烦琐、重复的工作中解放出来，专注于具有战略意义和人性化的业务，从而加速 RPA 机器人在企业中的应用，使企业员工向数字化员工转型。

10.2　RPA 应用的发展趋势

从第一次工业革命（蒸汽机时代）开始，人类先后经历了电气化时代、信息化时代共三次工业革命，但随着信息化、智能化技术的发展，第四次工业革命正在进行，即智能化时代（如图 10-3 所示）已经到来。以 RPA 为代表的智能自动化技术是第四次工业革命的重要产物。随着数据科学的不断发展，机器人流程自动化、认知科学等数字化技术正在不断地融入工作中，企业正通过自动化及智能技术，不断地解放人力，使员工追求更有价值的工作。

　　随着 RPA 机器人被全球企业广泛地熟知和应用，很多国际知名的研究机构和信息咨询公司开始将 RPA 机器人作为重点关注对象和研究方向，并从不同的角度和维度发布了 RPA 相关的调研报告，为 RPA 机器人的未来发展趋势提供了很好的参考价值。

　　从 RPA 机器人市场前景的角度来看，全球著名的信息技术分析机构 Gartner 2019 年上半年发布的关于 RPA 市场调查的数据显示，机器人流程自动化软件在 2018 年增长了 63.1%，市场规模达到 8.46 亿美元，是全球增长最快的人工智能软件。另外，全球知名的信息咨询公司 Forrester Consulting 联合 Gartner 发布了一份关于 RPA 市场服务的调查报告，报告显示，在全球软件市场中，RPA 以 75.6% 的增速继续领跑，全球各行业在 RPA 方面的支出预计将超过 50 亿美元，到 2023 年预计将超过 120 亿美元。相信在未来几年，RPA 市场将进一步扩大，成为增长速度最快的企业级软件。参考 IDC 的《未来智能自动化》白皮书的报告，未来 2 年 RPA 软件机器人在企业中所产生的具体变化如图 10-4 所示。

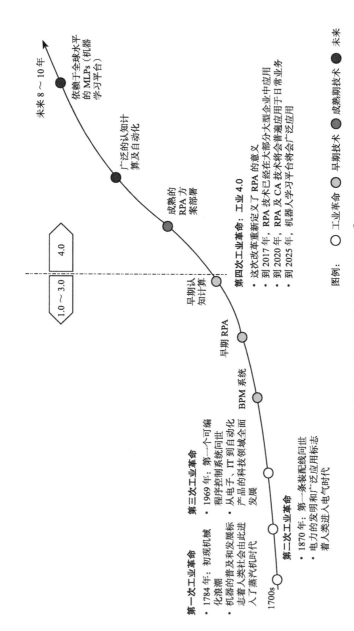

图 10-3　人类四次工业革命发展路线图①

① 参考：兴业教会《迎接机器人自动化时代：RPA 的全景生态扫描》

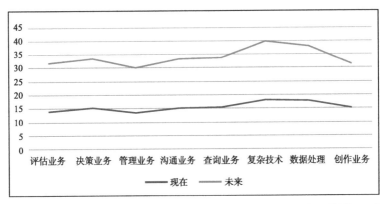

图 10-4　RPA 机器人在公司业务中的占比与未来 2 年将产生的变化（单位: %）

RPA+AI 的模式将会成为 RPA 产品在行业应用中的常态。AI 也正在通过 RPA 产品将算力、数据分析和处理能力、数据挖掘能力赋能给企业。相关数据报告预测，未来几年中将会有超过 40% 的组织使用融合 AI 技术的 RPA 产品来解决更复杂的业务流程管理问题。为了能够处理邮件、图像等非结构化数据，RPA 厂商会通过 NLP 和 OCR 等技术来增强 RPA 产品的能力，将 RPA 应用到更广泛的业务场景中。

10.3　RPA 对企业和员工未来工作的改变

目前，全球很多企业处于数字化转型阶段，其中很多企业已经开始陆续接触并应用 RPA 技术，改变着现有的工作方式。但是，由于业务中大量的结构化数据占据了员工绝大部分的时间，需要手动处理各种文件并经常出现低级错误；在网络环境有限制的情况下，难以很好地实现与多个系统、应用之间的通信；很难及时地进行跨部门间的信息共享并保证数据的安全和隐私。这些问题是未来企业应用 RPA 会面临的难题。

为解决上述难题，RPA 和领先 AI 技术的结合，相当于是在基于规则的自动化基础（RPA）之上增加基于深度学习和认知技术的推理、判断、决策能力，实现真正的智能流程自动化。在未来，RPA 机器人将为企业和员工的工作带来哪些改变呢？（如图 10-5 所示）

2. 全方位的服务模式

RPA 机器人需提供端到端的技术支持和全面整合的方案，使企业不用再把资源浪费到集成实施工作中

4. 创造潜在岗位需求

RPA 机器人技术不仅解放了员工的时间和精力，使其能够从事更多具有更高价值的工作，而且会创造大量潜在需求

1. 数字化的工作模式

RPA 机器人使数字化工作模式在企业的发展中越来越重要，尤其是手动工作向智能自动化的转型已成为企业发展的重要战略

3. 科学化的工作流程

RPA 机器人可以优化业务人员的工作流程，使业务人员从简单的、重复的、单调的工作中释放出来，将时间与精力投入自身价值的提升中

图 10-5　RPA 机器人对企业及员工未来工作的改变

（1）RPA 的发展使数字化工作模式在企业中越来越重要。

我们即将进入 21 世纪的第三个十年，数字化工作模式对于企业的发展越来越重要，手动工作向智能自动化的转型已成为企业发展的重要战略。与传统的机器人流程自动化相比，智能自动化可以轻松地将 AI 技术应用到工作流程中，已有超过 50% 的企业完成了 RPA 的部署。与此同时，RPA 对传统的软件服务供应商（如 EPR 厂商、BPO 服务商等）也产生了巨大的压力，传统软

件服务供应商不会坐以待毙，纷纷投入开发，或者与 RPA 服务商建立战略合作伙伴关系，共同服务市场，为企业提供更全面的服务，帮助企业加快数字化转型。

（2）RPA 的发展将对供应商的服务模式提出更高的要求，提高企业利用资源的效率。

随着企业越来越多地部署 RPA，企业不仅对 RPA 产品的功能模块提出了更高的要求，而且对供应商的服务提出了更高的要求。AI 和 RPA 的结合与应用，为特定的业务需求提供了端到端的技术支持，为客户提供了全面整合的方案，从而使企业不用再将资源浪费到集成实施工作中。

在 RPA 产品的功能方面，除了要对工作中的结构化数据进行处理之外，还需要对非结构化的数据进行处理。RPA 供应商也需要做出快速响应，深度集成自研的 NLP 和 OCR 技术，支持客户进行私有化部署，使其具备定制化影像文件的扩展能力，可根据业务场景训练特定的算法模型，快速响应针对特定场景的定制化需求。

NLP 融合文本分类、文本摘要、文本审核、标签提取、观点提取、情感分析等前沿算法，支持对 JPEG、PDF、Word、Excel 等各种类型的文本进行抽取。OCR 融合图文检测、表格检测、污损及模糊文本识别等多种前沿算法，识别准确率达到 99.9% 以上。在售后服务方面，企业希望 RPA 供应商拥有专业的咨询团队、定制开发团队和实施团队，实现上下游业务的整合，通过原厂团队向企业提供更高质量的产品和服务。

（3）RPA 可以优化企业员工的工作流程，提高员工的工作效率。

随着 RPA 的不断普及，原本用于某些特定业务的集成服务系统可以融合成一个更加智能的系统。例如，在企业中，系统可以对外部数据与内部核心数据进行交互应用，从而优化他们的工作方式，使业务人员从简单、重复、单调的工作中释放出来，将时间与精力投入自身价值的提升中。RPA 的应用使人类的工作像之前的自动化浪潮一样发生了巨变，自动化系统如何才能更好地优化甚至是取代现有的工作流程和管理方式，是未来不断实践和探索的目标。业务人员可能需要在自身培训方面多做规划，真正达到人机协作的完美融合，解放业务人员，使之成为知识型的数字化员工。

（4）RPA 的发展能够为企业员工创造大量的潜在工作岗位。

社会上仍然普遍存在一种忧虑："RPA 会抢走我们的工作，我们会被机器人取代"。随着近年来机器人在各项人机比赛中的耀眼表现，这种顾虑正在被逐步放大。我们认为这点完全不用担心，RPA 的主旨是解放劳动力，让员工从单调重复、枯燥乏味的操作型工作中解放出来。RPA 未来反而会为我们增加更多的工作机会。机器人取代规则化、重复性的低价值劳动任务是大势所趋，但不可否认的是，RPA 机器人不仅解放了员工的时间和精力，使他们能够从事具有更高价值的工作，更会创造大量诸如机器人管理、人机合作类岗位。

就像我们目睹计算机出现时的变化一样，计算机带来了工作方式的改变，从纸质处理到数字化处理。今天，机器人和自动化技术也将改变着人们的工作方式，在扩大员工队伍的同时提高生产力。因此，现在可以算得上是科技史上的重要时刻。如今数百人手动执行的某些任务，在未来则需要更多的"机器人训练师"去教会 RPA 机器人完成这些任务，使专业人员摆脱平凡的任务，转而专注于更复杂的任务。机器人并不具备人类所独有的某些能力，如创造力、解决问题的能力、情感认知能力、与其他人互动的能力。

　　人类仍然是唯一能够管理并调校好机器人的关键角色，如果没有人的支持与干预，自动化技术就无法运行，也就无法复现更高层次的判断并进行思考与分析。由于这些原因，RPA 的存在并不是为了取代人的工作，而是改变人的工作。

　　本章重点阐述了 RPA 的技术发展趋势、应用发展趋势和对未来工作的影响。随着人工智能技术的快速发展，RPA 将逐步具备决策和分析能力，从而远远超出现有的基于规则的自动化范畴，更好地为企业提升效率、降低风险、提升用户体验，创造多元价值。然而，同其他新兴技术一样，RPA 并非万能，若企业需要持续地推进自动化升级，企业不仅需要制订清晰的战略目标和规划，也需要在组织架构、团队建设、管理机制等具体措施上制订新的管理计划，以应对新技术对现有组织和员工带来的冲击，更好地帮助企业实现数字化转型的美好愿景。

推荐阅读

《RPA流程自动化引领数字劳动力革命》

这是一部从商业应用和行业实践角度全面探讨RPA的著作。作者是全球三大RPA巨头之一AA（Automation Anywhere）的大中华区首席专家，他结合自己多年的专业经验和全球化的视野，从基础知识、发展演变、相关技术、应用场景、项目实施、未来趋势等6个维度对RPA做了全面的分析和讲解，帮助读者构建完整的RPA知识体系。

《用户画像》

这是一本从技术、产品和运营3个角度讲解如何从0到1构建一个用户画像系统的著作，同时它还为如何利用用户画像系统驱动企业的营收增长给出了解决方案。作者有多年的大数据研发和数据化运营经验，曾参与和负责了多个亿级规模的用户画像系统的搭建，在用户画像系统的设计、开发和落地解决方案等方面有丰富的经验。

《银行数字化转型》

这是一部指导银行业进行数字化转型的方法论著作，对金融行业乃至各行各业的数字化转型都有借鉴意义。

本书以银行业为背景，详细且系统地讲解了银行数字化转型需要具备的业务思维和技术思维，以及银行数字化转型的目标和具体路径，是作者近20年来在银行业从事金融业务、业务架构设计和数字化转型的经验复盘与深刻洞察，为银行的数字化转型给出了完整的方案。